绿色矿山系列丛书

绿色矿山建设与管理工具

Guidelines for Green Mine Construction and Management

彭苏萍　王勇　王亮　邓久帅　著

U0342119

北　京

冶金工业出版社

2022

内 容 提 要

自 2018 年原国土资源部（现自然资源部）等六部委联合印发《关于加快建设绿色矿山的实施意见》以来，绿色矿山建设发生了重大变化，从"要我建"到"我要建"，从试点探索到全面推进，从行政推动到标准引领，从企业自律到社会监督，从倡议引导为主到激励约束并举，绿色矿山已彻底改变了矿山的社会形象，得到了社会各界的认可。本书针对绿色矿山建设、评估和管理需求，全面阐述了绿色矿山基本情况、矿山设施、采选管理、生态环境、科技创新、规范管理、环保督察、专项工具等内容，对于全面了解矿山的实际情况、促进矿山生产经营与绿色矿山有效融合、实现绿色矿山持续改进、补充绿色矿山建设与评估的技术和手段等方面都具有十分重要的意义。

本书可供绿色矿山建设领域的技术人员、科研人员、管理人员，高等院校相关专业的师生，以及其他相关领域的研究人员阅读，也可作为绿色矿山有关专业的研究生教材。

图书在版编目（CIP）数据

绿色矿山建设与管理工具 / 彭苏萍等著 . —北京：冶金工业出版社，2022.8

ISBN 978-7-5024-9247-2

Ⅰ.①绿… Ⅱ.①彭… Ⅲ.①矿山建设—无污染技术 Ⅳ.①TD2

中国版本图书馆 CIP 数据核字（2022）第 141289 号

绿色矿山建设与管理工具

出版发行	冶金工业出版社	**电　话**	（010）64027926
地　址	北京市东城区嵩祝院北巷 39 号	**邮　编**	100009
网　址	www.mip1953.com	**电子信箱**	service@ mip1953.com

责任编辑　夏小雪　美术编辑　彭子赫　版式设计　郑小利
责任校对　郑　娟　责任印制　李玉山
北京捷迅佳彩印刷有限公司印刷
2022 年 8 月第 1 版，2022 年 8 月第 1 次印刷
710mm×1000mm　1/16；11.5 印张；2 彩页；227 千字；169 页
定价 98.00 元

投稿电话　（010）64027932　投稿信箱　tougao@cnmip.com.cn
营销中心电话　（010）64044283
冶金工业出版社天猫旗舰店　yjgycbs.tmall.com
（本书如有印装质量问题，本社营销中心负责退换）

彭苏萍

彭苏萍，中国工程院院士，中国矿业大学（北京）煤炭资源与安全开采国家重点实验室主任，矿山生态修复研究院院长，教育部长江学者特聘教授。现任国家能源委员会专家咨询委员会委员，国际黑土地协会理事长，公共安全科学技术学会理事长，中国煤炭学会理事长。2007 年当选中国工程院能源与矿业工程学部院士，第八届学部副主任，第九届学部主任，现任中国工程院主席团成员。彭苏萍院士是矿井地质与矿井工程物探专家，在能源战略、矿井地质、矿井工程物探理论与技术、水文地质、煤炭开发与生态环境保护、洁净煤技术等方面取得多项研究成果，获国家技术发明二等奖 2 项，国家科技进步二等奖 3 项，省部级科技进步特等奖 1 项、一等奖 6 项和其他多项奖励。获国家发明专利 50 件，软件版权 20 余项，出版专著 10 余部和 200 余篇论文。他还是孙越崎能源大奖、中国光华工程科技奖和全国优秀博士论文指导教师获得者，并获得科技部优秀野外科技工作者和首都五一劳动奖章。

王勇

王勇，北京科技大学副教授、膏体充填采矿技术研究中心副主任，加拿大渥太华大学访问学者，兼任中关村绿色矿山产业联盟专家咨询中心主任，一直从事金属矿膏体充填与绿色开采研究。先后主持国家重点研发课题、国家自然科学基金、国家重点研发子课题等科研项目 20 余项。以第一或通讯作者在 Chemical Engineering Journal、Cement and Concrete Composites 等期刊发表论文 50 余篇；出版专著和教材各 1 部；授权专利 20 余项；第二完成人发布国家标准 2 项，第三完成人发布团体标准 1 项；获中华环保联合会自然科学特等奖（排名 1）、环境技术进步一等奖（排名 2）、中国黄金协会一等奖（排名 2）等省部级特等奖 3 项、一等奖 4 项，以及中华环保联合会杰出青年科技奖、全国高校矿业石油安全领域优秀青年科技人才奖和绿色矿山青年科技奖等荣誉。

王亮

王亮，中关村绿色矿山产业联盟秘书长，国家注册审查员，高级工程师，中国地质矿产经济学会资源经济与规划专业委员会副主任，内蒙古地质环境及国土空间生态修复学会副会长，爆炸科学与技术国家重点实验室客座研究员，煤炭资源与安全开采国家重点实验室客座研究员，中国地质大学教育部"111 计划"特聘教授，中国矿业大学（北京）、中南大学、北京理工大学硕士生校外导师，绿色矿山科学技术奖励办公室副主任。绿色矿山行业标准框架主要起草人之一，《智能矿山建设规范》起草人之一，绿色矿山评价指标起草人、绿色矿山系列丛书主编之一。

邓久帅

邓久帅，中国矿业大学（北京）教授、博导，国家级人才工程青年项目入选者，现任铟锡资源高效利用国家工程实验室（北京）副主任、有色金属行业三稀资源综合利用工程技术研究中心主任、有色金属行业共伴生资源分离加工重点实验室主任、有色金属行业战略性关键金属矿产资源高效利用创新团队负责人。越崎杰出学者、教育部霍英东基金奖、国家自然科学基金委中国高校矿业石油与安全工程领域优秀青年科技人才、全国有色金属优秀青年科技奖、绿色矿山青年科技奖、10 余项省部级/行业协会科学技术奖等获得者。国家教育行政学院高校高层次人才研修班学员。发表 SCI 收录论文 100 余篇，出版著作 9 部，主编的《绿色矿山系列丛书》入选科技部全国优秀科普作品，授权专利 40 余项，主持各类纵横向项目 30 余项，担任 10 余本国内外学术期刊编委/青年编委/特刊编辑，起草和发布标准 18 项。

前 言

自 2018 年《关于加快建设绿色矿山的实施意见》发布以来,绿色矿山建设发生了重大变化,从"要我建"到"我要建",从试点探索到全面推进,从行政推动到标准引领,从企业自律到社会监督,从倡议引导为主到激励约束并举,绿色矿山已彻底改变了矿山的社会形象,得到了社会各界的认可。

目前,绿色矿山建设、评估主要依据《绿色矿山评价指标》和《非金属矿行业绿色矿山建设规范》等 9 项行业标准,涉及内容较多、范围较大、弹性较广,然而矿山企业、第三方单位等对评价指标与行业(地方)标准的理解不同或存在偏差,造成在绿色矿山建设过程中准备的材料凌乱、内容不全或不相关的内容占据较大的篇幅,缺乏对矿山整体的认识。究其根本,在于绿色矿山建设缺少有效的工具、方法和手段。

中关村绿色矿山产业联盟(简称中绿盟)作为仅有的一家绿色矿山全过程服务单位,参与了国家绿色矿山有关政策文件制定,行业标准制定,行业标准解读,评价指标制定,评价指标条文释义,绿色矿山规划和实施方案编写,第三方评估工作,自评估及自评估报告编写工作,绿色矿业发展示范区设计,绿色矿山现场核查,绿色矿山"回头看",绿色矿山第三方评估系统(评估软件)开发,矿产资源节约与综合利用先进适用技术公共服务平台运行,绿色矿山科学技术奖设立和承办,绿色矿山等级水平认证咨询,绿色矿山权威培训,集团矿业绿色高质量发展规划,县域绿色矿业高质量发展规划等工作。北京科技大学矿业工程学科是国家级重点学科,入选国家"双一流"建设学科名单,在绿色采矿和绿色矿山建设方面深入研究与实践,形成多项理论技术体系和工程示范,为矿业绿色高质量发展做出了重要贡献,为此，中绿盟联合北京科技大学共同梳理绿色矿山建设的实用性工具，旨在指导矿山企业开展绿色矿山建设工作，协助绿色矿山咨询单位开展咨询业务，支撑第三方评估机构的评估工作。

本书的主要作用如下：

第一，全面了解矿山的实际情况。本书梳理了管理、台账等各类表格120余张，基本上把绿色矿山建设需要考虑的证照、法定文件、设施设备、生态环境和规范化管理等方面内容进行汇总和整理，矿山企业、服务单位都可依据管理表格了解矿山的实际情况。

第二，促进矿山生产经营与绿色矿山进行有效融合。绿色矿山建设不是一项政治任务，而是矿业的转型升级。本书通过将绿色矿山建设与日常业务工作和各岗位职责有机结合，可实现绿色矿山建设就是日常的生产经营、日常的生产经营就是绿色矿山建设的有机融合。

第三，实现绿色矿山持续改进。通过管理表格可以发现矿山企业存在的问题，提出改进清单，并编制管理方案。本书同时梳理了矿山建设台账，为矿山规范化管理和持续提升提供了标准和模板。

第四，全面了解绿色矿山建设、评估的技术和手段。本书详细介绍了环保督查、绿色矿山遴选、绿色矿山"回头看"、绿色矿山建设水平等级认证、绿色矿山科学技术奖、绿色矿山系列丛书、绿色矿山建设方法等专项工具，为推动绿色矿山建设提供思路和方向。

在本书撰写过程中，赵伟伟、刘儒侠、杨森、钱小勇、张丹丹、李健、吴力、刘彦军、郏威、刘康、陈思远等人参与了本书的编写工作，裴立国、张鹏超、蔡正鹏、马江全、杨俊强、朱萱等人对本书进行了审核。

真诚感谢自然资源部有关司局、中国自然资源经济研究院、北京科技大学、中国矿业大学（北京）、北京绿海盛源认证服务有限公司、北京众华高科咨询有限公司、河北宽城满族自治县绿色矿山建设办公室、云南玉溪大红山矿业有限公司、山东金鼎矿业有限责任公司、北京金绿矿服科技有限公司、浙江交投浦新矿业有限公司、安徽马钢罗河矿业有限责任公司、高等学校学科创新引智计划项目"矿冶固废污染防控与治理创新引智基地"等单位与项目在本书撰写过程中给予的帮助。

　　由于作者知识与水平所限，书中难免存在疏漏之处，敬请同行专家及广大读者批评指正。

作　者

2022 年 8 月于北京

目　　录

第一章 基本情况

依法办矿是建设绿色矿山的基本要求，矿山企业应严格遵守《矿产资源法》等法律法规，合法经营，证照齐全，遵纪守法，认真执行《矿产资源开发利用方案》《地质环境保护与土地复垦方案》等法定文件。本书以内蒙古蒙泰×××煤业有限责任公司为例，以《绿色矿山建设规范》《绿色矿山评价指标》为依据，介绍绿色矿山建设与管理工具——表格的填写及其相关要求。本章列出了依法办矿所需要的各种证照、法定文件以及技术改造和受过行政处罚的清单，对于整体把握矿山依法办矿具有一定的指导意义。

第一节 矿山企业的基本信息

表 1-1 为矿山企业的基本信息。

表 1-1 矿山企业的基本信息

企业名称				
住　所				
地址/邮政编码				
统一社会信用代码			单位性质	
矿山信息	名　称		采矿证号	
	地　址			
	开采方式		开采矿种	
负责人			法人代表电话	
联系人			联系人电话	
电子邮件			传　真	
剩余储量			生产规模	

一、表格的意义

通过表 1-1 能够了解该矿山的基本情况，包含矿种、负责人、联系方式、剩余储量、生产规模等信息。

二、填报说明

填报说明如下：

（1）企业名称：《营业执照》上的"名称"。

（2）住所：《营业执照》上的"住所"。

（3）地址/邮政编码：能够收到邮寄材料的地址和邮政编码。

（4）统一社会信用代码：《营业执照》上的"统一社会信用代码"。

（5）单位性质：《营业执照》上的"单位性质"。

（6）矿山名称：《采矿许可证》上的"矿山名称"。

（7）采矿证号：《采矿许可证》上的"证号"。

（8）矿山地址：《采矿许可证》上的"地址"。

（9）开采方式：《采矿许可证》上的"开采方式"。

（10）开采矿种：《采矿许可证》上的"开采矿种"。

（11）剩余储量：储量报告上的数据。

（12）生产规模：《采矿许可证》上的"生产规模"。

第二节　证照清单

表1-2为证照清单示例。

表1-2　证照清单示例

序号	证件名称	发证机关	证号	有效期	负责部门
1	营业执照	准格尔市场监督管理局	91150622787087612Y	2006年5月24日至长期	办公室
2	采矿许可证	中华人民共和国国土资源部	C1000002008111110001147	2008年11月5日至2038年11月5日	生产部
3	安全生产许可证	内蒙古煤矿安全监察局	（蒙）MK安许证字〔2013KG012〕	2019年10月26日至2022年10月25日	安环部
4	排污许可证	鄂尔多斯市生态环境局	911506227870 87612Y001V	2019年9月29日至2022年9月28日	安环部
5	取水许可证	鄂尔多斯市水利局	取水（鄂）字〔2018〕第86号	2018年9月29日至2023年9月28日	安环部
6	民用爆破许可证	鄂尔多斯市公安局	1527001300063	2020年8月12日至2022年10月25日	安环部

一、表格的意义

证照清单应列出矿山企业依法办矿需要的所有证照。对于全面了解矿山企业目前有哪些证照、是否有效、缺少哪些证照非常重要。

根据非金属矿等九个行业《绿色矿山建设规范》的要求,矿山企业应遵守国家法律法规和相关产业政策,依法办矿。因此,证照齐全有效是矿山企业依法办矿最基本的表现。

二、填报说明

(一) 证照名称

证照名称主要包含《营业执照》《采矿许可证》《安全生产许可证》《排污许可证》《取水许可证》《民用爆破许可证》《林木采伐许可证》等。

(二) 发证机关

1. 《营业执照》

《营业执照》是市场监督管理机关发给工商企业、个体经营者的准许从事某项生产经营活动的凭证。营业执照根据管理权限由各级市场监督管理部门发放。

2. 《采矿许可证》

《采矿许可证》是采矿权人行使开采矿产资源权利的法律凭证。《采矿许可证》根据管理权限由各级自然资源部门负责发放。

3. 《安全生产许可证》

《安全生产许可证》是国家严格规范安全生产条件而采取的一种许可制度。《安全生产许可证》根据管理权限由各级应急管理部门负责发放。

4. 《排污许可证》

国家为保护环境,切实控制排污总量,实行的一项许可制度。《排污许可证》由生态环境保护行政主管部门发放。

5. 《取水许可证》

国家对直接从地下或者江河、湖泊取水的,实行取水许可制度。《取水许可证》由水利行政主管部门负责发放。

6. 《民用爆破许可证》

国家对民用爆炸物品的生产、销售、购买、运输和爆破实行许可证制度。《民用爆破许可证》由公安部门负责发放。

7. 《林木采伐许可证》

林木采伐单位和个人采伐森林时,必须获取县级林业主管部门核发许可采伐的一种法定凭证。

（三）证号

证号是指该证照的编号。

（四）主要参数

主要参数是指该证照所能体现的有关限额，如采矿许可证的生产规模、矿区面积等指标，取水许可证的取水量等。

（五）有效期限

有效期限是指证件的有效期限。

（六）负责部门

负责部门是指矿山企业负责办理或管理该证照的部门。

三、法律法规

法律法规如下：

（1）营业执照：《中华人民共和国企业法人登记管理条例》《中华人民共和国企业法人登记管理条例施行细则》。

（2）采矿许可证：《矿产资源法》《矿产资源开采登记管理办法》。

（3）安全生产许可证：《中华人民共和国安全生产法》《安全生产许可证条例》。

（4）排污许可证：《中华人民共和国环境保护法》《中华人民共和国水污染防治法》。

（5）取水许可证：《中华人民共和国水法》《取水许可和水资源费征收管理条例》。

（6）民用爆破许可证：《民用爆炸物品安全管理条例》。

（7）林木采伐许可证：《中华人民共和国森林法》。

四、管理要求

管理要求包括：

（1）常用的各类证件，矿山如果缺少，应确定缺少的原因，是没有办理、正在办理还是不需要办理。

（2）及时检查所有证件是否在有效期内。

（3）及时检查证件的所属单位是否一致。

（4）及时检查《营业执照》与《安全生产许可证》的地址是否一致。

五、申领《采矿许可证》需要的材料

申领《采矿许可证》需要的材料有：

（1）采矿权申请登记书。

（2）地质资料汇交证明。

（3）划定矿区范围批复文件或出让合同。

（4）申请采矿权范围、资源储量估算范围与划定矿区范围的坐标及三者叠合图。

（5）采矿权出让合同，矿业权出让收益（价款）缴纳或有偿处置凭据及缴纳情况表。

（6）采矿权申请人《营业执照》以及具有与矿山建设规模相适应的资金、技术和设备条件的证明材料。

（7）有相应资质的单位编制并经评审的矿产资源开发利用方案。

（8）环境影响评价报告。

（9）环保主管部门的审批意见。

（10）安全生产监督主管部门的审批意见。

（11）矿山地质环境保护与土地复垦方案评审意见及公告结果，基金登记卡片。

（12）有关主管部门的项目核准文件，设立矿山企业的批准文件。

（13）矿区范围图。

（14）区（县）地矿主管部门核实意见。

（15）没有产权争议的提供保证书，有产权争议的提供结论证明。

（16）国有矿山企业还应当提供经评审备案的供矿山建设使用的矿产勘查报告和矿山设计文件。

（17）集体所有制矿山企业或者私营矿山企业还应当提供：

1）供矿山建设使用的与开采规模相适应的矿产勘查资料；

2）矿长具有矿山生产、安全管理和环境保护的基本知识证明文件。

（18）申报单位（人）委托代理的，需提交授权委托书。

（19）法律、法规、规章规定的其他材料。

六、《排污许可证》的申领与执行要求

《排污许可证》的申领与执行要求如下：

（1）企业应按照生态环境部门的要求完成排污登记工作，提供必要资料，并保证所提供各类环境信息真实有效，不得瞒报或谎报。

（2）排污企业应按照规定申请领取《排污许可证》，并确保《排污许可证》在有效期内。企业排污必须按照许可证核定的污染物种类、控制指标和规定的方式排放污染物。

（3）排污企业在申请《排污许可证》时，应按照《排污许可管理条例》等文件规定，编制自行监测方案、环境管理台账及季度、年度执行报告。

（4）排污企业申领《排污许可证》后，应确保《排污许可证》副本中的规定得到有效执行。具体包括以下几点：

1）排污企业应按照《排污许可证》规定，开展自行监测，保存原始监测记录。实施排污许可重点管理的排污单位，应当按照《排污许可证》规定安装自动监测设备，并与环境保护主管部门的监控设备联网。

2）排污单位应按照《排污许可证》中关于环境管理台账记录的要求，根据生产特点和污染物排放特点，按照排污口或者无组织排放源进行记录，台账记录保存期限不少于5年。

3）排污单位应按照《排污许可证》规定的关于执行报告内容和频次的要求，编制排污许可证执行报告。

4）重点排污单位应及时如实公开有关环境信息，自觉接受公众监督。

5）在《排污许可证》有效期内，法律法规规定的与排污单位有关的事项发生变化的，排污单位应当在规定时间内向核发生态环境部门提出变更《排污许可证》的申请。

6）排污单位需要延续依法取得《排污许可证》有效期的，应当在排污许可证届满60日前向原核发的生态环境部门提出申请。

7）排污单位变更名称、住所、法定代表人或者主要负责人的，应当自变更之日起30日内，向审批部门申请办理《排污许可证》变更手续。

七、对应标准

表1-3为证照清单的对应标准。

表1-3　证照清单的对应标准

内　　容	行业标准条款	评价指标条款
矿山企业的 相关证照	《绿色矿山建设规范》4.1	《绿色矿山评价指标》 先决条件

注：直接写标准编号表示九个行业标准均适合，行业+编号代表只有某行业适合（后同，不再标注）。

八、企业相关部门

依据企业实际设置的职能部门，如办公室、地测部、安环部、生产部等。

第三节　法定技术报告情况

表 1-4 为法定技术报告清单示例。

表 1-4　法定技术报告清单示例

序号	报告名称	评审机构	审批机关 备案、审批号	备案时间	负责部门
1	初步设计	中煤国际工程集团 沈阳设计研究院	—	—	生产部
2	初步设计的批复	内蒙古自治区 煤炭工业局	内蒙古自治区煤 炭工业局（内煤局字 〔2009〕93 号）	2009 年 3 月 5 日	生产部
3	初步设计专家 评审意见	中国煤炭工业 发展研究中心	内蒙古自治区 煤炭工业局	2009 年 3 月 5 日	生产部
4	矿产资源开发 利用方案	中国煤炭工业协会	中国煤炭工业协会 （中煤协咨询 〔2008〕35 号）	2008 年 3 月 17 日	地测部
5	矿山地质环境保护与 土地复垦方案	自然资源部国土 整治中心	自然资源部	2020 年 4 月 20 日	安环部
6	环境影响评价报告	中煤国际工程集团 沈阳设计研究院	国家环境保护总局 （环审〔2007〕 461 号）	2007 年 11 月 15 日	安环部
7	竣工环境保护验收 监测报告	中煤国际工程集团 沈阳设计研究院	生态环境部 （环验〔2011〕56 号）	2011 年 2 月 23 日	安环部
8	矿产资源储量评审 备案证明	国土资源部矿产资源 储量评审中心	国土资源部 （国土资储备字 〔2014〕269 号）	2014 年 8 月 25 日	地测部
9	水土保持方案 报告书	水利部	水利部（水保函 〔2006〕495 号）	2006 年 11 月 24 日	安环部

一、表格的意义

法定技术报告清单列出依法办矿需要的所有法定技术报告。法定技术报告是矿山资源开发的依据，缺少了相应的技术报告可能存在违法情况。

二、填报说明

(一) 法定技术报告清单

法定技术报告清单主要包含初步设计、初步设计的批复、初步设计专家评审意见、矿产资源开发利用方案、矿山地质环境保护与土地复垦方案、环境影响评价报告、竣工环境保护验收监测报告、矿产资源储量评审备案证明、水土保持方案报告书、节能评估报告、清洁生产报告等。如果某些报告在某些行业不需要必须审查,可不填写。

(二) 法定技术报告说明

1. 初步设计 (或详细设计)

初步设计文件应由有相应资质的设计单位提供。根据批准的项目可行性研究报告和设计基础资料,设计部门对建设项目进行深入研究,对项目建设内容进行具体设计。初步设计文件包括设计说明书、有关专业设计的图纸、主要设备和材料表以及工程概算书。初步设计是编制年度投资计划和开展项目招投标工作的依据。在绿色矿山建设中,确定矿山设施设备、辅助系统、采矿技术、选矿技术等方面是否达到要求主要依据初步设计。

2. 初步设计的批复

初步设计的申报除了初步设计之外,还要有经批准的可行性研究报告、经批准的资源储量报告、经批准的建设地址报告、项目的安全预评价报告。凡涉及江河堤防安全的建设项目,需获得有关水利行政主管部门的批准;凡按规定需进行工程场地地震安全性评价的建设项目,需经省级地震烈度评定委员会评审通过;初步设计的批复内容包括项目的建设单位、建设地点、建设内容、建设规模、建设标准、投资概算和资金来源等,要明确各单项工程的工程量、造价以及各项工程费用,有仪器设备购置项目的要附清单;要指出初步设计中存在的主要问题或缺陷,提出修改意见。

3. 初步设计专家评审意见

初步设计评审专家的意见汇总。

4.《矿产资源开发利用方案》

《矿产资源开发利用方案》是采矿权人取得采矿许可证的要件之一;是指导矿山生产的重要技术性文件,矿山在开采设计、生产过程中应当按照开发利用方案施工;同时还是编制矿山地质环境保护与综合治理方案、环境影响评价报告、安全生产准入前置条件等的主要依据之一。该方案必须由具备矿山(井)工程设计资质和相应的矿产地质勘查资质的编制单位编写。绿色矿山在共伴生资源综合利用方面的有关要求应参照《矿产资源开发利用方案》。

（1）《矿产资源开发利用方案》的主要内容有：

1）概述；

2）矿产品需求现状和预测；

3）矿产资源概况；

4）主要建设方案的确定；

5）矿床开采；

6）选矿及尾矿设计；

7）环境保护；

8）开发方案简要结论；

9）附图。

（2）编写方案资质要求。大型矿山设计应具有甲级工程设计资质，中、小型矿山应具有乙级以上工程设计资质。设计单位应按持有的设计证书、核定的业务范围和级别承接开发利用方案的编制任务，严禁跨专业、跨等级承担业务。勘查、开采矿产资源，必须依法分别申请，经批准取得探矿权、采矿权，并办理登记。但是，已经依法申请取得采矿权的矿山企业在划定的矿区范围内为本企业的生产而进行的勘查除外。

5.《矿山地质环境保护与土地复垦方案》

根据《土地复垦条例》和《矿山地质环境保护规定》，矿山企业必须开展矿山地质环境保护与土地复垦工作。为了切实减少管理环节，提高工作效率，减轻矿山企业负担，原国土资源部下发的《关于做好矿山地质环境保护与土地复垦方案编报有关工作的通知》要求矿山企业的矿山地质环境保护与治理恢复方案和土地复垦方案合并编报。《矿山地质环境保护与土地复垦方案》要明确目的、要求、方式、方法，制定矿山地质环境综合治理的具体实施计划，全面实现矿山沉陷范围的管控和治理。

（1）《矿山地质环境保护与土地复垦方案》的主要内容有：

1）矿山基本情况；

2）矿区基础信息；

3）矿山地质环境影响和土地损毁评估；

4）矿山地质环境治理与土地复垦可行性分析；

5）矿山地质环境治理与土地复垦工程；

6）矿山地质环境治理与土地复垦工作部署；

7）经费估算与进度安排；

8）效益分析与保障措施；

9）结论与建议。

（2）土地需复垦的范围包括但不限于：

1）露天采矿、烧制砖瓦、挖沙取土等地表挖掘所损毁的土地；

2）地下采矿等造成地表塌陷的土地；

3）堆放采矿剥离物、废石、矿渣等固废压占的土地；

4）排土场、矿区专用道路、矿山工业场地等压占的土地；

5）露天采场终了平台应及时复垦或绿化；

6）对露天矿排土场等矿区环境有影响的区域进行复垦和绿化。

（3）《矿山地质环境保护规定》。根据《自然资源部关于第一批废止和修改的部门规章的决定》第三次修正的有关规定：

1）第二十六条　违反本规定，应当编制矿山地质环境保护与土地复垦方案而未编制的，或者扩大开采规模、变更矿区范围或者开采方式，未重新编制矿山地质环境保护与土地复垦方案并经原审批机关批准的，责令限期改正，并列入矿业权人异常名录或严重违法名单；逾期不改正的，处3万元以下的罚款，不受理其申请新的采矿许可证或者申请采矿许可证延续、变更、注销。

2）第二十七条　违反本规定，未按照批准的矿山地质环境保护与土地复垦方案治理的，或者在矿山被批准关闭、闭坑前未完成治理恢复的，责令限期改正，并列入矿业权人异常名录或严重违法名单；逾期拒不改正的或整改不到位的，处3万元以下的罚款，不受理其申请新的采矿权许可证或者申请采矿权许可证延续、变更、注销。

（4）编写方案资质要求。《国土资源部办公厅关于做好矿山地质环境保护与土地复垦方案编报有关工作的通知》并未对方案编制单位的资质提出要求，该方案可自行编制或委托有关机构编制。

6.《环境影响评价报告》

《环境影响评价报告》是新建、扩建、改建项目对环境造成的影响的预见性评定，根据对项目所在地的地下水、土壤的监测，对项目所用原材料、可能产生的废弃物、项目的环保设施设计的评价，从而评估项目建成对环境的影响，进行全面评价的一种环境影响评价文件。

（1）《环境影响评价报告》的主要内容。根据《环境影响评价法》第十七条和《建设项目环境保护管理条例》第八条规定：建设项目的环境影响报告书应当包括下列必备内容：

1）建设项目概况；

2）建设项目周围环境现状；

3）建设项目对环境可能造成影响的分析、预测和评估；

4）建设项目环境保护措施及其技术、经济论证；

5）建设项目对环境影响的经济损益分析；

6）对建设项目实施环境监测的建议；

7）环境影响评价的结论。

（2）《环境影响评价报告》的审批。《建设项目环境保护管理条例》第九条　依法应当编制环境影响报告书、环境影响报告表的建设项目，建设单位应当在开工建设前将环境影响报告书、环境影响报告表报有审批权的生态环境主管部门审批；建设项目的环境影响评价文件未依法经审批部门审查或者审查后未予批准的，建设单位不得开工建设。

7. 环境保护设施竣工验收

建设项目竣工环境保护验收是为加强建设项目竣工环境保护验收管理，监督落实环境保护设施与建设项目主体工程同时投产或者使用，以及落实其他需配套采取的环境保护措施。

8. 矿产资源储量评审备案

矿产资源储量评审备案是指自然资源主管部门落实矿产资源国家所有的法律要求、履行矿产资源所有者职责，依矿产资源储量信息表对申请人申报的矿产资源储量进行审查确认，纳入国家矿产资源实物账户，作为国家管理矿产资源重要依据的行政行为。

（1）备案：探矿权转采矿权、采矿权变更矿种或范围，油气矿产在探采期间探明地质储量、其他矿产在采矿期间累计查明矿产资源量发生重大变化（变化量超过30%或达到中型规模以上的），以及建设项目压覆重要矿产，应当编制符合相关标准规范的矿产资源储量报告，申请评审备案。

1）申请评审备案的矿产资源储量报告是指综合描述矿产资源储量的空间分布、质量、数量及其经济意义的说明文字和图表资料，包括矿产资源储量的各类勘查报告、矿产资源储量核实报告、建设项目压覆重要矿产资源评估报告等。

2）凡申请矿产资源储量评审备案的矿业权人，应在勘查或采矿许可证有效期内向自然资源主管部门提交矿产资源储量评审备案申请、矿产资源储量信息表和矿产资源储量报告。

3）凡申请压覆重要矿产资源储量评审备案的建设单位，应提交矿产资源储量评审备案申请、矿产资源储量信息表和建设项目压覆重要矿产资源评估报告。

（2）权限：自然资源部负责本级已颁发勘查或采矿许可证的矿产资源储量评审备案工作，其他由省级自然资源主管部门负责。涉及建设项目压覆重要矿产的，由省级自然资源主管部门负责评审备案，石油、天然气、页岩气、天然气水合物和放射性矿产资源除外。

（3）法律依据：《自然资源部办公厅关于矿产资源储量评审备案管理若干事项的通知》。

9. 水土保持方案报告书

水土保持方案报告书是每个建设项目开工前必须编制的，有的地区作为发改委行政审批的先决条件。该报告书是对该工程施工准备期、施工期、竣工期水土保持措施的设计资料，后期水政部分将会进行水土保持阶段性验收，重点就是核对该工程所做的和报告书上的是否相符。

10. 节能评估报告

节能评估报告是指根据节能法规、标准，对固定资产投资项目的能源利用是否科学合理进行分析评估，并编写节能评估报告书、节能评估报告表或填写节能登记表的行为。

11. 清洁生产报告

清洁生产报告是指按照一定程序，对生产和服务过程进行调查和诊断，找出能耗高、物耗高、污染重的原因，提出减少有毒有害物料的使用、产生，降低能耗、物耗以及废物产生的方案，进而选定技术可行、经济合算及符合环境保护的清洁生产方案的过程。生产全过程要求采用无毒、低毒的原材料和无污染、少污染的工艺和设备进行工业生产；对产品的整个生命周期过程则要求从产品的原材料选用到使用后的处理和处置不构成或减少对人类健康和环境危害。清洁生产审核需要企业编写清洁生产报告。

三、管理要求

管理要求如下：

（1）矿山采选工程应该按照设计施工。

（2）应按照《矿山地质环境保护与土地复垦方案》的要求进行矿山地质环境治理和土地复垦，土地复垦质量应符合《土地复垦质量控制标准》TD/T 1036的要求。

（3）资源开发、共伴生资源资源利用、固废利用等要依据《矿产资源开发利用方案》。

（4）污水、废水处理、粉尘、噪声、尾矿等设施验收要依据环境设施验收报告。

（5）根据《生产建设项目水土流失防治标准》（GB/T 50434）的要求，应严格按水土保持方案实施，保证复垦效果。

（6）表格的执行情况。

四、对应标准

表1-5为法定技术报告的对应标准。

表 1-5　法定技术报告的对应标准

内容	行业标准条款	评价指标条款
初步设计	《绿色矿山建设规范》4.2、4.4	《绿色矿山评价指标》18、19、20
初步设计的批复	《绿色矿山建设规范》4.2	
初步设计专家评审意见	《绿色矿山建设规范》4.2	
矿产资源开发利用方案	《绿色矿山建设规范》4.4、6.1	《绿色矿山评价指标》33、36、37、38
矿山地质环境保护与土地复垦方案	《绿色矿山建设规范》6.1 及矿区生态环境保护条款	《绿色矿山评价指标》21~24、32
环境影响评价报告	《绿色矿山建设规范》4.1	《绿色矿山评价指标》25、28、30、31
竣工环境保护验收监测报告	《绿色矿山建设规范》4.2	《绿色矿山评价指标》25
矿产资源储量评审备案证明	《绿色矿山建设规范》6.2	《绿色矿山评价指标》先决条件4,《绿色矿山评价指标》99
水土保持方案报告书	《绿色矿山建设规范》4.1	—
节能评估报告	《绿色矿山建设规范》4.2	—
清洁生产报告	《绿色矿山建设规范》4.2	—

五、企业相关部门

依据企业实际设置的职能部门，如地测部、安环部、生产部、机电部等。

第四节　技改项目

表 1-6 为技改项目清单示例。

表 1-6　技改项目清单示例

序号	技改项目名称	内容	总投资	使用情况	完成时间	负责部门
1	数字煤矿大数据平台及云服务系统建设	大数据及云平台建设	37309.7 元	使用中	2021 年 4 月 13 日	信息中心
2	污水处理厂改造	增加污水处理能力	2296400 元	使用中	2021 年 11 月 24 日	安环部
3	数字煤矿一张图平台建设	一张图及智能综合管理平台	3990000 元	使用中	2022 年 4 月 15 日	调度指挥中心

一、表格的意义

本表格列出已经完成或正在完成的所有技术改造项目，是绿色矿山建设工程的重要体现。

非金属矿等九个行业《绿色矿山建设规范》明确要求：新建、改扩建矿山应根据本标准建设；生产矿山应根据本标准进行升级改造。

（一）新建、改扩建矿山的要求

新建、改扩建矿山的要求如下：

（1）建设项目（新建、扩建、改建、技术改造）必须取得采矿权。

（2）必须经主管部门核准或备案，取得核准文件或核准通知书或备案回执。

（3）必须有批准的初步设计、安全设施设计和职业危害防护设施设计。

（4）施工单位必须具备相应施工资质，持有《安全生产许可证》；安全设施必须按"三同时"要求，与主体工程同时设计、同时施工、同时投产使用。

（5）建设项目环境保护设施经行政审批，并经合规验收，涉及变更的要完善相应手续。

（6）建设项目水土保持方案经行政审批，并经合规验收，涉及变更的要完善相应手续。

（7）建设项目使用的临时、永久用地手续合法，如需占用林地应取得《使用林地审核同意书》。

（8）符合其他相关法律法规要求。

（二）生产矿山的要求

对生产矿山有以下要求：

（1）依法办矿。严格遵守《中华人民共和国矿产资源法》《中华人民共和国矿山安全法》《中华人民共和国水土保持法》《中华人民共和国环境保护法》《矿山地质环境保护规定》《中华人民共和国矿产资源法实施细则》等法律法规。

（2）证照齐全。生产矿山必须持有《营业执照》《采矿许可证》《安全生产许可证》《排污许可证》《取水许可证》《民用爆破许可证》《林木采伐许可证》等证照，在有效期内并符合相关要求。

（3）依法缴纳税费。及时缴纳权益金、矿产资源税等。

（4）资源储量管理。所有矿山必须有地质勘查报告、资源储量核实报告以及自然资源部门出具的资源储量备案证明。

（5）编写的《矿产资源开发利用方案》应符合《国土资源部关于加强对矿产资源开发利用方案审查的通知》规定；编写的《矿山地质环境保护与土地复垦方案》应符合《关于做好矿山地质环境保护与土地复垦方案编报有关工作的通知》（国土资规〔2016〕21号）的有关规定。

对于没有达到绿色矿山标准的生产矿山，应通过技术改造逐步达到绿色矿山的要求，在技术改造过程中充分考虑绿色矿山建设的相关要求，使绿色矿山融入生产经营管理过程。

二、填报说明

技术改造主要是指在坚持科技进步的前提下，用先进的技术改造落后的技术，用先进的工艺和装备代替落后的工艺和装备，实现内涵扩大再生产，达到增加品种、提高质量、节约能源、降低原材料消耗、提高劳动生产率、提高经济效益的目的。采用先进的、适用的新技术、新设备、新工艺、新材料，对现有设施、生产工艺条件及辅助设施进行的改造称为技术改造，以节约、增加产品品种、提高质量、治理"三废"、劳保安全为主要目的，以利用企业基本折旧基金、企业自有资金和银行技术改造贷款为主，项目土建工作量投资占整修项目投资 30% 以下，列入更新改造计划的，也可以作为技术改造项目。

（1）技改项目名称：技改项目的命名要突出项目要做的事情，让相关人员能够从项目名称中看到哪个单位准备干什么事；

（2）技改项目内容：技改项目需要进行技术改造的具体内容，包括功能、性能、参数等，如采矿系统、运输系统、排水系统、避险系统等；

（3）使用情况：指是否正在使用；

（4）总投资：技改项目总投资；

（5）完成时间：指技术改造任务完成的具体时间。

三、技改的范围

技改的范围如下：

（1）对企业生产工艺、技术装备、检测手段和工程设施进行技术改造；对设备、建筑物进行更新，以及与生产性主体工程技术改造相应配套而必需的辅助性生产、生活福利设施的建设。

（2）为改善原有交通运输设施的运输条件，提高运输装卸能力而进行的更新改造工程。

（3）为节约能源和原材料、治理"三废"污染、粉尘防治以及资源综合利用而进行的技术改造工程。

四、技术改造的流程

各矿种、各行业技改流程有较大区别，下面以煤矿改造升级为例介绍技术改造的流程。

煤矿技改首先由矿山企业的技术主管部门发起，具体设计文件和图纸由设计院完成，最后在主管技术领导指挥下完成施工。

第一步，矿山企业向设计院提出需求，提供反映生产矿山现状的文件和图纸。同时，提出期望解决的问题。

第二步，设计院派技术人员到现场进行考察并与矿山企业技术人员沟通和交流，确定需要进行优化的生产系统。

第三步，设计院提出解决问题的若干个技术方案和预算，征求矿山企业意见，最后双方协商，选择最佳方案。

第四步，设计院和矿山企业签订生产矿山改造升级优化设计合同。

第五步，设计院完成解决方案的文件和图纸。

第六步，设计院配合矿山企业施工。

第七步，验收、总结和关闭合同。

五、相关要求

现场需对技改项目环境评价（或环境设施）、土地等手续办理情况进行重点关注。

六、对应标准

表1-7为技改项目的对应标准。

表1-7 技改项目的对应标准

内容	行业标准条款	评价指标条款
改扩建重点工程	《绿色矿山建设规范》4.4	《绿色矿山评价指标》2、3、7、9、11、12、14、17、18、19、33～36、38、39、40、41、44～46、51～54，58、59、60、62、73～78

七、企业相关部门

依据企业实际设置的职能部门，如生产部、机电部、安环部、地测部、企业信息中心、调度指挥中心、科技管理部等。

第五节　行政处罚情况

表1-8为行政处罚清单。

表1-8 行政处罚清单

序号	处罚单位	处罚原因	编号	整改情况	整改时间	负责部门
1						
2						
3						
4						
5						

一、表格的意义

行政处罚是指行政机关依法对违反行政管理秩序的公民、法人或者其他组织，以减损权益或者增加义务的方式予以惩戒的行为。行政处罚情况主要填写矿山企业受过重大的环保、自然资源、应急等部门的处罚。通过行政处罚表格，大体了解矿山企业依法办矿过程中存在的问题。

二、填报说明

（一）处罚单位

处罚单位主要包含各级生态环保部门、自然资源部门、应急管理部门。

（二）处罚原因

处罚原因是说明为什么受到处罚。

（三）编号

罚单的编号。

（四）整改情况

根据处罚的实际情况，是否完成整改。

（五）整改时间

整改时间规定什么时间完成整改。

三、对应标准

表1-9为行政处罚的对应标准。

表1-9　行政处罚的对应标准

内容	行业标准条款	评价指标条款
行政处罚情况	《绿色矿山建设规范》4.1	《绿色矿山评价指标》否决项

四、企业相关部门

依据企业实际设置的职能部门，如办公室、生产部、安环部等。

第二章　矿山设施

矿山厂房、道路等设施是为工业生产服务的，要满足生产工艺流程和设备布置的需要，它一旦形成，在生产过程中是不易改变的。本章介绍的矿山设施包括生产配套设施、生活配套设施、环境设施、卫生设施、生产辅助设施、视频监控设施等。

第一节　生产配套设施

表 2-1 为生产配套设施清单示例。

表 2-1　生产配套设施清单示例

序号	设施名称	占地面积	土地类型	审批手续完备情况	投入时间	负责部门
1	主斜井地面生产系统	$520m^2$	永久	完备	2009 年 4 月	生产部
2	副斜井地面生产系统	$490m^2$	永久	完备	2009 年 7 月	生产部
3	机修车间	$2124m^2$	永久	完备	2011 年 5 月	机电部
4	选煤厂	$220424.7m^2$	永久	完备	2010 年 3 月	洗煤厂
5	铁路工作区	$760m^2$	永久	完备	—	运输部
6	污水处理厂	$8319m^2$	永久	完备	2009 年 10 月	安环部
7	供电	$5673m^2$	永久	完备	2008 年 5 月	生产部
8	全封闭皮带栈桥运输	$19876m^2$	永久	完备	2012 年 5 月	生产部

一、表格的意义

矿山的配套设施清单能够清楚反映矿山企业配套设施、大小、土地性质、手续情况、运行情况。本表不含环保设施和卫生健康设施。

二、填报说明

矿山的配套设施是指矿山根据建设规划要求，为满足生产的需要而与项目配套建设的各种服务性设施，包含选矿厂、机修厂、提升机房等。

（一）设施

1. 选矿厂

选矿厂是矿山企业的一个主要生产单位和重要组成部分，专门利用各种选矿方法和工艺流程，从原矿中获取品位较高的精矿的工厂。从经济的角度考虑，选矿厂一般建在采矿区域附近，以降低运输成本。选矿是整个矿产品生产中最重要的环节，是矿企里的关键部门。选矿厂除包括选矿前矿物原料准备、筛分以及选后的产品处理这三种主要作业及设备外，还设置有矿石储场矿仓、作业间产品的运输（皮带运输、矿浆泵送）、给矿机、浮选车间的配药室及给药机、取样机、检测仪表，选矿过程的自动控制设施，安装于运输皮带上的悬吊电磁吸铁器，称量矿石处理量及精矿计量皮带秤，供水、供电、维修等的辅助作业及设施。

2. 机修厂

机修厂主要是矿山生产设备备件的加工、备件的修复以及电机、电器设备的维修。一般中大型的煤炭、石油、矿山、有色金属等矿山都会下设机修厂，机修厂一般下辖铆焊车间、加工车间、冶修车间、电修车间等，具有一定的机加工能力。

3. 提升机房

矿井提升机是一种大型提升机械设备，它由电机带动机械设备，以钢丝绳带动容器在井筒中升降，完成输送任务。其主要用途是沿井筒提升矿石、废（矸）石、升降人员、下放材料、工具和设备等。提升机房则是安装、操作、监控提升机的场所。

4. 空气压缩机房

压缩空气是矿山采用的原动力之一，用于带动凿岩机、风镐及其他风动机械进行操作。由于像凿岩机这类风动工具的冲击力强，适用于钻削坚硬的岩石，而且风动工具结构简单，质量轻、操作方便，尤其在有瓦斯和煤层爆炸危险的矿井里，因此使用这种动力比电力安全。空气压缩设备是指压缩和输送气体的整套设备，包括空气压缩机、输气管路和附属设备。空气压缩机房是空气压缩设备运行的场所。

5. 锅炉房

锅炉房是放置锅炉及水泵等附属设备的机房，一般用于供暖和生产使用。

6. 变电站

变电站是指电力系统中对电压和电流进行变换，接受电能及分配电能的场所。

7. 成品仓库

成品仓库是矿山产成品的储存场所，用于产成品的收发、储存。

8. 排土场

排土场是指矿山采矿排弃物集中排放的场所。

9. 充填站

尾矿充填站使用的主要设备为高浓度搅拌槽和螺旋输送机，通过螺旋输送机把尾矿矿浆输送到高浓度搅拌槽，利用转动着的叶轮获得能量，受上、下螺旋方向相反的叶轮作用，形成两股相对流动的矿流，互相冲击、搅拌而使浆料混合均匀。

10. 尾矿库

尾矿库是指筑坝拦截谷口或围地构成的，用于堆存金属或非金属矿山进行矿石选别后排出尾矿或其他工业废渣的场所。

11. 矸石场

堆置废石或矸石的场地的位置。

12. 破碎站

破碎站是指破碎设备安装的地点。

(二) 面积

面积是指生产配套设施的占地面积。

(三) 土地类型

土地类型分为永久性用地、临时用地、其他用地和无手续用地四类。

1. 永久性用地

永久性用地是指依法征收并用于工业场地、公路和铁路等永久性建筑物及相关用途的土地，征用后有永久占用土地使用权权利。永久性用地应依法支付土地补偿费、安置补助费以及地上附着物和青苗补偿费，根据地方标准进行补偿。

2. 临时用地

临时用地是指工程建设施工和地质勘查需要临时使用、在施工或者勘查完毕后不再需要使用的国有或者农民集体所有的土地，包括因临时建筑或其他设施而使用的土地。土地使用者应当根据土地权属，与有关土地行政主管部门或者农村集体经济组织、村民委员会签订临时使用土地合同，并按照合同的约定支付临时使用土地补偿费。临时使用土地的使用者应当按照临时使用土地合同约定的用途使用土地，并且不得修建永久性建筑物。

3. 其他用地

其他用地包含租赁、流转、置换等类型的土地。

4. 无手续用地

无手续用地是指还未办理手续的土地。

（四）审批手续完备情况

审批手续完备情况是指生产设施竣工手续是否完备。

三、管理要求

管理要求如下：

（1）矿区的生产设施体现了矿山企业运行的基本条件，是最基本的要求，应该保证生产设施与设计相统一。

（2）生产设施要求管理规范、运行有序，应进行定置化、规范化管理。

（3）生产设施是粉尘、噪声的集中产生点，也是工业废水、废气的源头，是环境保护与治理的重点。

（4）对废弃的设施应及时拆除，需要复垦的按《矿山地质环境保护与土地复垦方案》的要求实施。

（5）配电室（箱）、电力开闭所等生产设备，宜每年油饰一次，并定期保洁。

（6）矿区范围内无私搭乱建现象。

（7）与工业广场平面图进行对比是否有相关设施，相关设施是否有土地手续。

四、涉及地点

涉及地点主要包括选矿厂、机修厂、提升机房、空压机房、锅炉房、变电站、汽车库、成品仓库、尾矿库、充填站、矸石场、破碎站等。

五、对应标准

表2-2为生产配套设施的对应标准。

表2-2 生产配套设施的对应标准

内　容	行业标准条款	评价指标条款
生产配套设施	《绿色矿山建设规范》 5.2.2，7.3	《绿色矿山评价指标》 2，4，5，11，12；涉及 固废堆放或管理的应增加7，60

六、企业相关部门

依据企业实际设置的职能部门，如办公室、生产部、机电部、安环部、运输部、机电部、选矿车间、后勤部、保卫部等。

第二节 环保设施

表2-3为环保设施清单示例。

表2-3 环保设施清单示例

序号	设施名称	位　置	投入时间	运行状态	负责部门
1	洗车器装置	高压冲车机器，条形仓南侧	2020年	正常	安环部
2	道路降尘设施	雾炮车、洒水车、吸尘车，厂区道路作业	2019年	正常	安环部
3	污水处理设施	矿井水处理厂（供应站西侧）	2009年	正常	安环部
		技改生活水处理站（矿停车场旁）	2021年		
4	防噪设施间	选煤厂主洗车间厂房、筛分破碎车间厂房、皮带栈桥	2010年	正常	安环部
5	封闭储煤筒仓	工业厂区内	2011年	正常	安环部
6	危险废物库	供应站	2018年	正常	安环部
7	锅炉房脱硫除尘设施	洗煤厂锅炉房、主井锅炉房，双碱脱硫设施、布袋除尘器	2021年更新设备	正常	安环部

一、表格的意义

环保设施清单是生产设施的重要组成部分，通过环保设施清单，很容易了解矿山的环保配套设施总体情况。根据这些环保设备的运行情况，可以了解环保管理水平。

环境保护设施是指防治环境污染和生态破坏，以及开展环境监测所需的装置、设备和工程设施等。

环保设施的管理主要对环保设施设计、选型、购置、安装调试、运行使用、维护检修、更新改造、验收、报废处理全过程的管理。

二、填报说明

矿山企业的环保设施是指防止环境污染，处理和综合利用废水、废气、废渣、粉尘的设施、管道，主要包括工业废水、废气、废渣、粉尘的处置、处理和综合利用设施、设备；工业噪声防治设施、设备；环境监测等专用设施、设备、交通工具、仪器仪表，以及其他防止环境污染设施。

（一）环保设施的范围

1. 废气、废水、废渣、噪声的处理设施及设备

（1）废水处理装置、废水处理回收装置。

（2）废气处理装置、除尘装置、废气回收装置。

（3）废渣贮存场，固体废弃物堆放场。

（4）噪声防治设施。

2. 综合利用设施

（1）以"三废"为主要原料生产产品的综合利用装置及改造的废物处理设施。

（2）回收利用废水、废气、废渣中的有用物质生产产品的装置。

（3）废油、废热、废水回收设施。

3. 其他以治理污染为主要目的技术改造、新产品开发所增加的生产装置和设备。

（二）主要环保设施介绍

1. 废水（污水）处理厂（站）

废水（污水）处理厂（站）就是利用物理、化学和生物的方法对废水进行处理，使废水净化，减少污染，以至于达到废水回收、复用，充分利用水资源。废水处理的一般目标是去除悬浮物和改善耗氧性（即稳定有机物），有时还进行消毒和进一步的处理。工业废水的处理侧重于油类、悬浮物、重金属或高残留的有机物的去除或转化，以及 pH 值的调整。

污水处理通常分为三级。（1）一级处理：采用沉淀法，悬浮固体和五日生化需氧量的去除率一般可分别达到 60% 和 30% 左右。（2）二级处理：采用水的生物处理法，悬浮固体和五日生化需氧量的去除率一般都可达到 90% 左右，采用高负荷率活性污泥法时五日生化需氧量去除率在 60% 左右。（3）三级处理：进一步去除二级处理未处理的物质。

2. 废气净化系统

废气净化（Flue gas purification）主要是指针对工业场所产生的工业废气，诸如粉尘颗粒物、烟气烟尘、异味气体、有毒有害气体进行治理的工作，常见的废气净化有工厂烟尘废气净化、车间粉尘废气净化、有机废气净化、废气异味净化、酸碱废气净化、化工废气净化等。一个完整的废气净化系统一般由五部分组成，它们是捕集污染气体的废气收集装置（集气罩）、连接系统各组成部分的管道、使污染气体得以净化的净化装置、为气体流动提供动力的通风机、充分利用大气扩散稀释能力减轻污染的烟囱。

3. 袋式除尘器

袋式除尘器是一种干式滤尘装置。滤袋采用纺织的滤布或非纺织的毡制成，利用纤维织物的过滤作用对含尘气体进行过滤。当含尘气体进入袋式除尘器后，颗粒大、密度大的粉尘，由于重力的作用沉降下来，落入灰斗，含有较细小粉尘的气体在通过滤料时，粉尘被阻留，使气体得到净化。

4. 雾炮车

雾炮车喷射的水雾颗粒极为细小，达到微米级，在雾霾天气可以进行液雾降尘、分解淡化空气中的颗粒浓度、能有效分解空气中的污染颗粒物、尘埃等，有效缓解雾霾。水雾将漂浮在空气中的污染颗粒物迅速逼降地面，达到清洁净化空气的效果。

5. 矿山工程洗车机

矿山工程洗车机是通过动力装置使高压柱塞泵产生高压水来冲洗物体表面，水的冲击力大于污垢与物体表面附着力，高压水就会将污垢剥离、冲走，达到清洗物体表面的一种清洗设备。因为矿山工程洗车机是使用高压水柱清理污垢，一般情况下强力水压所产生的泡沫就足以将一般污垢带走（除非很顽固的油渍才需要加入一点清洁剂），高压清洗也是公认科学、经济、环保的清洁方式之一。

6. 道路喷淋系统

道路喷淋系统是用于抑制道路扬尘的系统。定期人工或自动在道路喷水，达到清洁净化空气的效果。

7. 尾矿库

尾矿库是指筑坝拦截谷口或围地构成的，用于堆存金属或非金属矿山进行矿石选别后排出尾矿或其他工业废渣的场所。尾矿库是一个具有高势能的人造泥石流危险源，存在溃坝危险，一旦失事，容易造成重特大事故。

8. 矸石山

矸石山是指煤矿和选煤厂集中堆置矸石的场所。矸石山的固体废物包括剥离矸石、煤巷矸石、岩巷矸石、手选矸石、选煤厂尾矿等。矸石山主要是侵占大量土地，并造成景观污染、大气污染、水体污染、喷爆危害、放射性污染等，它的自燃、爆喷、滑坡及矸石山的淋溶水均对矿区环境产生污染。

9. 废石场

废石场是指矿山附近堆积矿山废石的场地。由采矿场运出的废石经卷扬机提升，沿斜坡道逐步向上堆积，形成一锥形体。此种堆积法可以减少占地和运输，便于管理。堆积场一般选用低凹宽阔地，防止发生坍塌和泥石流。

10. 危废间

危废间是专用于危险废物储存的场所，要做到危废间地面防渗漏、危废间屋顶封闭防雨淋、危废间上锁防流失。

（1）危险废物种类有：1）废矿物油（HW08）：含油废棉纱、废手套，废乳化液（HW09）；2）染料、涂料废物（HW12）：油漆渣、稀释剂桶、油漆桶、废弃活性炭、油墨残余废弃物；3）感光材料废物（HW16）：废显影液、定影液，石棉废物（HW36）；4）含铅废物（HW31）：废电路板、化学实验废液；5）含汞废物（HW29）：废日光灯管、化学实验废液等。

（2）危险废物的储存：1）建立专用的危险废物的储存设施或专用储存区域，做到危险废物分类收集、分区存放，并设置危险废物标识；2）各单位将产生的危险废物分类收集到指定的位置，严禁乱存乱放；3）各单位将收集的危险废物定期交供应处废旧物资室，同时做好交接记录；4）供应处废旧物资室必须建立危险废物储存台账，如实记录危险废物储存及处理情况。

（3）危险废物处置：委托有危险废物经营资质的单位处置危险废物，并签订委托处置合同，不擅自倾倒、堆放危险废物。

11. 储煤场的环保设施

临时存放煤炭的场所，需满足防火安全、进出口通道通畅及装卸机械齐全等技术要求，如封闭输煤栈桥、封闭储煤筒仓、封闭储煤棚等。一般采用露天堆放方式的，需要设置喷淋、通风等设施，需进行封闭。

12. 噪声处理系统

噪声处理系统主要有吸声、消声、隔声、阻尼与隔振等措施。吸声的材料主要有玻璃棉、矿渣棉、泡沫塑料、毛毡、麻纤维、吸声砖等；消声如空调通风噪声的消声器；隔声有隔声墙壁、门窗；阻尼是利用强黏滞性的高分子材料，涂于金属板上，使板材弯曲振动能量转换成热能而耗损；隔振是使用弹簧、胶垫等弹性物间接连接，降低振动的传递而减弱噪声。

13. 排水系统

排水系统是指排水的收集、输送、水质的处理和排放等设施以一定方式组合成的总体，包含露天截排水系统、工业场地截排水系统。

（三）设施的位置

填写各种设施所在的具体位置。

（四）环保设施验收

环境保护设施应通过环境保护验收或项目竣工中涉及环保设施运行效果方面的验收，并得到有效维护，确保有效运转。

根据《建设项目环境保护管理条例》的规定，建设项目竣工后，建设单位应当向审批该项目环境影响报告书、环境影响报告表或者环境影响登记表的环境保护行政主管部门申请该项目需要配套建设的环境保护设施竣工验收；需要进行试生产的建设项目，建设单位应自建设项目投入试生产之日起 3 个月内，申请该项目需要配套建设的环境保护设施竣工验收。

三、有关规定

有关规定如下：

（1）矿山的一般固体废弃物入场、运行、污染控制、封场、充填及回填利用、土地复垦、监测等，应按照《一般工业固体废物贮存和填埋污染控制标准》（GB 18599）要求执行。

（2）矿山危险废物管理应满足《危险废物贮存污染控制标准》（GB 18597）的要求。

（3）生活污水须全部处置，处置后水质应符合《污水综合排放标准》（GB 8978）的规定。

（4）矿区空气质量须满足《环境空气质量标准》（GB 3095）的要求，岗位粉尘浓度须满足《工作场所有害因素职业接触限值·化学因素》（GBZ 2.1）的要求。

（5）生产车间噪声须满足《工业企业噪声卫生标准（试行草案）》的规定，厂区边界噪声须满足《工业企业厂界环境噪声排放标准》（GB 12348）的规定。

（6）《建设项目环境保护管理条例》的要求。

四、涉及地点

废水（污水）处理厂（站）、废气净化系统（厂房）、尾矿库、矸石山、废石场、危废车间、储煤场、截排水沟、沉淀池等。

五、对应标准

表 2-4 为环保设施的对应标准。

表 2-4　环保设施的对应标准

内　容	行业标准条款	评价指标条款
危险废物库	《绿色矿山建设规范》5.2.2，8	《绿色矿山评价指标》 4，11，12，25，60
其他的环保设施	《绿色矿山建设规范》5.2.2，8	《绿色矿山评价指标》 4，11，12，25，52，53，54，58，59

注：直接写标准编号表示九个行业标准均适合，行业+编号代表只有某行业适合。

六、企业相关部门

依据企业实际设置的职能部门，如机电部、安环部等。

第三节　环境卫生设施

表2-5为环境卫生设施清单示例。

表 2-5　环境卫生设施清单示例

序号	设施名称	位　　置	投入时间	运行状态	负责部门
1	化粪池	接待中心南侧	2019 年 1 月	正常	后勤部
2	公共厕所	厂区公共建筑楼里	2019 年 1 月	正常	后勤部
3	垃圾收集点	矿停车场东侧	2020 年 3 月	正常	后勤部

一、表格的意义

卫生设施清单是矿山环境卫生管理的重要组成部分，通过卫生设施清单，很容易了解矿山的卫生健康管理情况，根据卫生设备运行情况，了解卫生管理水平。

环境卫生设施包括环境卫生公共设施、环境卫生工程设施和环境卫生机构使用的工作场所三类。环境卫生公共设施是指公共厕所、化粪池、垃圾管道、垃圾容器和垃圾容器间、废物箱和痰盂等；环境卫生工程设施是指环境卫生工作中收集、运输、处理、消纳垃圾、粪便的基础设施，包括垃圾粪便码头、垃圾中转站、无害化处理厂（场）、垃圾堆场、垃圾堆肥场、临时应急垃圾堆场、供水龙头和车辆冲洗站。环境卫生机构使用的工作场所是指环境卫生作业队为完成所承担的管理和业务职责需要的场所，包括环境卫生管理工作用房、车辆停车场、修造厂及环境卫生清扫、保洁工人作息场所等。

二、填报说明

（一）主要设施

1. 垃圾收集点

垃圾收集点用于收集单位日常生活产生的生活垃圾的场所。

2. 公共厕所

公共厕所是指供矿山企业工作人员、家属使用的厕所，根据建筑形式、建筑结构、建筑等级、空间特征、冲洗方式、管理方式或投资渠道等，公共厕所有多种分类。

3. 化粪池

化粪池是处理粪便并加以过滤沉淀的设备。其原理是固化物在池底分解，上层的水化物体，进入管道流走，防止了管道堵塞，给固化物体（粪便等垃圾）有充足的时间水解。化粪池指的是将生活污水分格沉淀，及对污泥进行厌氧消化的小型处理构筑物。

4. 清扫车

清扫车是集路面清扫、垃圾回收和运输为一体的新型高效清扫设备。

5. 车辆清洗装置

车辆清洗装置是指对进出矿区的车辆进行清洗、冲泥的装置。

6. 车辆消毒设施

车辆消毒设施是指对车辆进行外消毒的喷洒设施。

（二）设施的位置

填写各种设施所在的具体位置。

（三）环境卫生设施验收

同本章第二节环保设施验收。

三、有关标准

有关标准如下：

（1）《生活垃圾处理技术指南》（建城〔2010〕61号）。

（2）《城市生活垃圾分类及其评价标准》（CJJ/T 102—2004）。

（3）《生活垃圾收集站技术规程》（CJJ 179—2012）。

（4）《生活垃圾收集站建设标准》（建标154—2011）。

（5）《生活垃圾卫生填埋处理技术规范》（GB 50869—2013）。

（6）《生活垃圾填埋场污染控制标准》（GB 16889—2008）。

（7）《生活垃圾卫生填埋场防渗系统工程技术规范》（CJJ 113—2007）。

（8）《生活垃圾焚烧处理工程技术规范》（CJJ 90—2009）。

（9）《中华人民共和国固体废物污染环境防治法》。

四、管理要求

管理要求如下：

（1）矿区（包含矿井）生活垃圾在固定地点收集。

（2）对生活垃圾进行分类，合理确定垃圾分类范围、品种、要求、收运方式等。

（3）生活垃圾自行无害化处理或委托第三方处理。

（4）垃圾转运站、公共厕所等环境卫生设施，每年粉刷或油饰一次，并定期清洗、保洁。

（5）环境保护设施应通过相关部门的验收，并得到有效维护，能够有效运转。

五、涉及地点

涉及的地点包括垃圾收集点、厕所等。

六、对应标准

表2-6为环境卫生设施的对应标准。

表2-6 环境卫生设施的对应标准

内　容	行业标准条款	评价指标条款
化粪池	《绿色矿山建设规范》5.2	《绿色矿山评价指标》4，12，25
公共厕所	《绿色矿山建设规范》5.2	《绿色矿山评价指标》4，12，25
垃圾收集点	《绿色矿山建设规范》5.2	《绿色矿山评价指标》4，12，8，25

七、企业相关部门

依据企业实际设置的职能部门，如后勤部等。

第四节　办公生活设施

表2-7为办公生活设施清单示例。

表2-7 办公生活设施清单示例

序号	设施名称	占地面积	土地类型	审批手续完备情况	投入时间	负责部门
1	办公楼	2325m²	永久	完备	2010年	综合办公室
2	广场	18197.6m²	永久	完备	2011年	综合办公室
3	停车场	5640m²	永久	完备	2012年	综合办公室
4	1号食堂	1188.25m²	永久	完备	2010年	后勤部
5	宿舍	14000m²	永久	完备	2010年	后勤部
6	浴室	980m²	永久	完备	2010年	后勤部
7	职工活动中心	1698m²	永久	完备	2013年	后勤部
8	小公园、休憩园	6745m²	永久	完备	2014年	综合办公室

一、表格的意义

办公生活设施体现矿山企业对职工生活的保障能力和服务能力，主要包含宿舍、食堂、澡堂等，本表格填写的办公生活设施应为独立占地的场所。

二、填报说明

（一）主要设施

主要设施包括：
(1) 办公楼；
(2) 食堂：如与办公楼是在一起的，应在审批手续完备情况一栏里标注；
(3) 宿舍：如与办公楼是在一起的，应标注；
(4) 汽车库：即停车场；
(5) 娱乐活动室；
(6) 调度室；
(7) 煤质中心；
(8) 化验中心。

（二）审批手续完备情况

审批手续完备情况是指土地手续审批情况。

三、管理要求

管理要求如下：
(1) 重点要考虑保持设施干净整洁，内部的物品摆放有序，部分设施要求定期消毒。
(2) 报刊亭、举报箱、信箱（筒）等邮政、通信设施，宜每半年整饰一次，并定期清洗。
(3) 建筑物周围绿化设施，宜每半年整饰一次，并定期清洗。

四、涉及地点

涉及地点包括宿舍、办公楼、汽车库、娱乐活动室、食堂等。

五、对应标准

表2-8为办公生活设施的对应标准。

表 2-8　办公生活设施的对应标准

内容	行业标准条款	评价指标条款
生活设施	《绿色矿山建设规范》5.1，5.2	《绿色矿山评价指标》3，4，5，8，12，85

六、企业相关部门

依据企业实际设置的职能部门，如后勤部等。

第五节　生产辅助系统

表 2-9 为生产辅助系统清单示例。

表 2-9　生产辅助系统清单示例

序号	系统名称	情况描述	设施设备型号及数量	审批手续完备情况	投入时间	负责部门
1	供电	矿井供电系统采用双回路供电，一回路引自大路 220kV 变电站；一回路引自纳林沟 110kV 变电站	地面变电站，变电站站内布置两台 SSZ10－31500/110 动力变压器	完备	2009 年	生产部
2	供水	供水系统由矿井地面污水处理站水泵房和成品水池组成	单级离心泵 3 台，2 用 1 备，型号 DFG100－200/2，功率 22kW，流量 120m³，扬程 54m；成品水池：2 个 1000m³ 的水池	完备	2009 年	生产部
3	运输	主运输系统主要以胶带机运输，刮板机转载系统；辅助运输系统采用无轨胶轮车运输人和物料	主斜井胶带输送机型号：DTL160/400/3＋2×1800　大巷内部胶带输送机型号：DTL160/400/3×1250	完备	2009 年	运输部
4	排水	排水系统由中央水泵房和二盘区水泵房组成	中央水泵房布置 3 台 MD450－60X8 耐磨多级离心泵，二盘区水泵房布置 3 台 MD450－60X8 耐磨多级离心泵	完备	2009 年	生产部

序号	系统名称	情况描述	设施设备型号及数量	审批手续完备情况	投入时间	负责部门
5	通信	已建涵盖信息基础设施等智能化煤矿11大系统，共计26个子系统	DDK-6调度通信系统，KT305无线通信系统，ZDX12矿用多参数移动巡检装置等	完备	2009年	信息部
6	通风	×××煤矿通风方式为混合式，通风方法为机械抽出式，通风系统为"三进一回"，即主斜井、副斜井、进风立井进风，回风立井回风	主通风机2台，型号FBCDZ-N36/2×710型隔爆轴流式通风机，一台工作，一台备用	完备	2009年	生产部

一、表格的意义

生产辅助系统保障矿山企业生产正常进行，关系到矿山企业生产安全与经济效益，不同矿种的生产辅助系统不同。

二、填报说明

（一）主要设施

1. 供电系统

供电系统就是由电源系统和输配电系统组成的产生电能并供应和输送给用电设备的系统。确定供电系统的一般原则是：供电可靠，操作方便，运行安全灵活，经济合理，具有发展的可能性。

2. 供水系统

供水系统是指按一定质量要求供给不同的用水部门所需的蓄水库、水泵、管道和其他工程的综合体。针对供水体系的技术功能而言，整个供水体系应满足用户对水质、水量和水压的需求。

3. 运输系统

矿山运输系统是将地下采出的有用矿物、废石或矸石等由采掘工作面运往地面转载站、洗选矿厂或将人员、材料、设备及其他物料运入、运出的各种运输作业。矿山运输的特点是运量大、品种多、巷道狭窄、运距长短不一、线路复杂、可见距离短，因而作业复杂、维护检修困难、安全要求高。

矿山运输按运输设备划分有：有轨运输如矿井机车运输、钢丝绳运输；无轨运输如矿用输送机运输、水力运输和架空索道运输。矿石地下运输是指回采工作面到出矿天井或采区矿仓之间的运输，矿石在阶段运输巷道装车并组成列车，由电机车牵引送到出矿天井，或由输送机运输。矿石提升是指由井底车场至井口间的运输，用卷扬机、钢丝绳和提升容器（如箕斗、罐笼、串车等）、皮带运输机或自卸汽车，沿竖井、斜井或斜坡道将矿石运到井口（地表）。矿石地面运输，采用电机车、架空索道、铁路火车或汽车将矿石运往选矿厂或用户，废石送往废石场。

4. 排水系统

排水系统是指排水的收集、输送、水质的处理和排放等设施，以一定方式组合成的总体。矿山排水分直接排水、分段（接力）排水和集中排水。直接排水的设备投资和运转费用较少，且管理方便；虽然所需水泵扬程大，水管承压高，但只要有合适的水泵和水管，应优先采用。（1）当矿井多水平生产时，如上部水平涌水量大于下部，宜将下部涌水先排至上部水平，再由上部水平排至地面，称为分段排水；（2）如下部水平的涌水量大，则宜分别直接排至地面，以免各水平都安设大流量水泵，称为直接排水；（3）如上部水平涌水量很小时，将上部水平的水自流放到下水平，上部水平可不设水泵，称为集中排水。

5. 通信系统

通信系统是用于完成信息传输过程的技术系统的总称，包括集中控制中心、数据存储、网络传输以及各工业控制系统。

6. 通风系统

矿井通风系统是指矿井通风方式和通风网络的总称。通风方式分为中央式、对角式、分区式和混合式，矿井通风方法是指主要通风机对矿井供风的工作方法。按主要通风机的安装位置不同，分为抽出式、压入式及混合式三种。通风网络主要分为通风系统网络图以及其基本形式。通风系统包括风机控制、CO 传感器、交通状态检测、火灾报警控制和 TC 控制，以及通风系统的基本任务、基本要求、选择原则以及管理等。

7. 厂内公路

厂内公路包含厂外道路、厂内道路和露天运输道路。厂外道路为厂矿山企业与国家公路、城市道路，车站、港口相衔接的对外公路，或本矿山企业分散的车间（分厂）、居住区等之间的联络公路；厂内道路为工厂（或港口、商业仓库、露天矿山机修场地、矿井井口场地等）的内部道路；露天矿山运输道路为露天矿经常行驶矿用汽车的公路和通往爆破材料库、水源地、总变电所、尾矿坝等行驶一般载重汽车的辅助道路（包括矿井的地面辅助道路）。

（二）情况描述

情况描述主要是对系统的构成和运行情况进行描述。

（三）设施设备型号及数量

设施设备型号及数量主要描述核心设备的数量、参数、型号。

（四）审批手续完备情况

独立系统的手续完成情况，如果与矿井同时验收根据矿井的情况来填写。

三、管理要求

管理要求如下：

（1）生产辅助系统应能满足生产需要，各系统的基本情况、设施、设备应与初步设计、矿产资源开发利用方案相符。

（2）各系统需要有相关的管理制度、管理部门和运行台账。

（3）各系统应该有检修、检查记录。

四、涉及地点

涉及地点包括工业广场、变电站、配电室、道路、调度中心、高位水池、水泵房、提升机房、通风机房等。

五、对应标准

表 2-10 为生产辅助系统的对应标准。

表 2-10　生产辅助系统的对应标准

内容	行业标准条款	评价指标条款
生产辅助系统	《绿色矿山建设规范》5.2	《绿色矿山评价指标》 2，4，11，45，46，52，53，54

六、企业相关部门

依据企业实际设置的职能部门，如生产部、机电部、调度室、安环部等。

第六节　视频监控点

表 2-11 为视频监控点清单示例。

表2-11 视频监控点清单示例

序号	地 点	安装区域	安装时间	厂商	数量/个	负责部门
1	洗车机旁	厂区出厂口	2020年	海康威视	1	调度中心
2	项目旁	中低产农田改造项目	2020年	海康威视	1	调度中心
3	洗煤厂锅炉房南侧	洗煤厂锅炉房	2020年	海康威视	1	调度中心
4	产品仓北侧	产品仓	2020年	海康威视	1	调度中心
5	条形仓西侧广场	条形仓	2020年	海康威视	1	调度中心

一、表格的意义

矿山重要生产环节、关键场所安装数字视频监控系统，可以方便矿山企业技术人员管理，实时了解现场设备运转情况及安全情况，可及时发现并避免可能发生的突发性事件。

（1）可以直观、全面地掌握整个矿区的运营生产情况，远端监控人员还可以通过实时监控，及时提醒操作人员的违规操作，防止险情的发生。

（2）当发生安全生产事故时，可以从服务器上获取视频资料，从而完整地再现问题发生的场景，快速高效地定位事故发生的原因。

二、填报说明

（一）主要安装地点

主要安装地点是指能够让工作人员识别的地点，如三采区皮带机头。

（二）安装区域

安装区域是指矿井重要的工作场所。重要的工作场所主要包含矿山工作面等生产场所，供电、排水、通风、运输、计量、销售等工艺环节中的关键点，尾矿库、巷道等重要安全场所。

三、管理要求

管理要求如下：

（1）能够利用远程监控系统监控有设备运行、人工作业或有不安全因素环境的场所、关键设备及人员情况，保证人员的安全，减少安全事故的发生。

（2）在调度中心或集中控制中心能够清楚地监控到重要的工作场所的实际情况。

（3）所有安装的摄像头应能够正常运行。

（4）该表将作为评估时抽样的基础。

四、涉及地点

涉及地点包括硐口、车场、卸料口、绞车房、炸药库、水泵房、变电站、煤场、尾矿库、排土场、过磅房、污水处理厂、工作面、物资库、危废库、生产系统转载点等。

五、对应标准

表2-12为视频监控点的对应标准。

表 2-12 视频监控点的对应标准

内　容	行业标准条款	评价指标条款
主要视频监控点	《绿色矿山建设规范》9.3	《绿色矿山评价指标》75

六、企业相关部门

依据企业实际设置的职能部门，如调度中心、信息中心（机电部）等。

第七节　标识标牌

表2-13为标识标牌清单示例。

表 2-13 标识标牌清单示例

序号	设置地点	类型	数量/个	说明	负责部门
1	厂区入场口	矿业权人勘查开采信息公示牌	1		安环部
2	各作业场所	职业危害告知卡	153		安环部
3	各作业场所	危险源告知牌等各种说明牌	153		安环部
4	厂区道路、煤矿辅运大巷、选煤厂主洗车间	线路示意图（牌）	231		安环部
5	各作业场所	提示牌以及安全标志	1564		安环部
6	锅炉房、水处理车间、生活垃圾中转站等	环境保护图形标志	31		安环部

一、表格的意义

标识标牌主要是用于标记和指引方向，具有象征性、方向性、暗示性等的功能。矿区的标识标牌主要有标牌、矿山安全标识、环境保护图形标志等。

二、填报说明

（一）类型

1. 采矿权标识牌

采矿权标识牌应包含标识采矿权基本信息，例如矿山名称、采矿许可证证号、采矿权人、地址、经济类型、开采矿种、开采方式、生产规模、矿区面积、开采深度、采矿许可证有效期限、矿区范围示意图，地下开采矿山还须注明井筒数及主井口（平硐）坐标、高程。

2. 矿山开采信息公示牌

矿山开采信息公示牌应包含标识采矿权人公示信息，是指采矿权人按照《矿业权人勘查开采信息公示办法（试行）》规定应标识的开采信息公示牌。

3. 餐饮服务食品安全管理信息公示栏

餐饮服务食品安全管理信息公示栏包含体现食品安全管理制度、从业人员健康证等信息。

4. 职业危害告知卡

职业危害告知卡是职工工作场所职业病危害警示标识，适用于可产生职业病危害的工作场所、设备及产品。

5. 线路示意图

线路示意图即路线图，是一种能使读者快速达成目标的说明性图片或文档，用来指引人们到达某个地点，或说明从甲地到达乙地的方式。从一般意义上来说，路线图更多地被指代于地理上的图片说明，例如寻宝图、部分位置图、交通示意图等。与普通地图不同，路线图必定会具有一个或多个特定的目的地，有些图还有特定的起始点以及经过点。

6. 指示牌

指示牌就是指示方向的牌子。

7. 警示提示牌

顾名思义，警示提示牌就是起到警示和提示作用的标牌。警示牌大多出现在公共场合，这种标牌要求有庄重感、醒目，从而达到警示和提示的作用。按种类来分，警示提示牌主要有安全警示牌、日常提示牌、交通警示牌、作业提示牌、温馨提示牌等。

8. 说明牌

说明牌是指对设施、设备、管线进行说明和解释的标牌。

9. 矿山安全标志

矿山安全标志是指矿山传递安全警示信息的主要标志。

10. 环境保护图形标志

环境保护图形标志规定了一般固体废物和危险废物贮存、处置场环境保护的图形标志及功能。

(二) 设置地点

设置地点是指能够让工作人员清晰识别的地点。

三、法律法规

法律法规如下：

(1)《矿产资源开采登记管理办法》。

(2)《标牌》(GB/T 13306—2011) 规定了标牌的型式与尺寸、标记、技术要求、检验方法、检验规则、包装与贮运，它适用于各种机电设备、仪器仪表及各种元器件的产品铭牌、操作提示牌、说明牌、线路示意图牌、设计数据图表牌和安全标识牌等。

(3)《矿山安全标志》(GB 14161) 和《安全标志及其使用导则》(GB 2894) 规定了各类矿山传递安全信息的主要标志，包括各种标志符号、名称、设置地点。

(4)《环境保护图形标志 固体废物贮存（处置）场》(GB 15562.2—1995) 规定了一般固废和危险废物贮存、处置场环境保护的图形标志类型、符号、颜色及如何使用维护等内容。

四、管理要求

管理要求如下：

(1) 标牌、矿山安全标志、环境保护图形标志的制作应按照标准的要求制作。

(2) 重要场所的标识标牌不能缺失。

(3) 建（构）筑物栏杆、公示牌板等附属设施，每年油饰一次，并定期清洗、保洁。

(4) 抽样的依据。

五、涉及地点

(一) 设置操作提示牌、说明牌、线路示意图牌等

1. 井下地点和作业场所

井下地点和作业场所包括竖井马头门、车场、巷道交叉点、爆破器材库、油库、风机站、避难硐室等。

2. 地面地点和作业场所

地面地点和作业场所包括井口、地面道路、变电所、配电室、提升机房、地表炸药库、压风机房、主通风机房、尾矿坝、废石场、防护斜坡、排洪沟及其他安全设施等。

3. 其他

例如，在重要电缆、管线、开关和闸阀等处要设置位置和状态标牌。

(二) 设置安全标志

在道路交叉口、地面变电站、井口、配电室、提升机房、主通风机房、边坡、加油站或油库等需要警示安全的区域设置安全标志。

(三) 设置环境保护图形标志

在固废贮存、处置场所设置环境保护的图形标志。

六、对应标准

表2-14为标识标牌的对应标准。

表2-14　标识标牌的对应标准

内　　容	行业标准条款	评价指标条款
标识标牌安装地点	《绿色矿山建设规范》5.2.2	《绿色矿山评价指标》4

七、企业相关部门

依据企业实际设置的职能部门，如办公室（后勤部）、安环部等。

第三章 采选管理

矿业装备水平决定了矿山开发效率和对环境的保护能力，先进的装备推动了现代矿业的发展，也是绿色矿山建设的重要内容。本章主要包含采选核心装备、先进适用装备、智能矿山子系统的清单。

第一节 采选核心装备

表3-1为采选核心装备清单示例。

表3-1 采选核心装备清单示例

序号	名称	生产厂商	型号	参　　数	数量/台	购置时间	能耗指标	负责部门
1	履带式全液压坑道钻机	中国煤炭科工集团西安研究院	ZDY3500LP	功率45kW，额定转矩3500~850N·m，转速60~200r/min，最大给进力70kN，最大起拔力102kN	3	2019年4月7日	据实填写	生产部
2	转载机	中煤张家口煤矿机械有限责任公司	SZZ1350/700型（9Z001）	安装长度47m，双速，槽内宽1350mm，机头总高≤2655mm，外形最大宽度3000mm	1	2021年6月3日	据实填写	生产部
3	转载机	郑州煤矿机械股份有限公司	SZZ1350/700型（9Z001）	安装长度44.5m，双速，槽内宽1350mm，机头总高≤2655mm，外形最大宽度3000mm	1	2020年12月10日	据实填写	生产部

一、表格的意义

采选装备在矿山生产过程中起着重要的作用，先进适用的矿业装备，不但能提高生产效率，同时也可以保障安全生产，还能够实现节能环保。本表要求填写的装备为核心采选装备。

二、填报说明

（一）名称

矿山企业主要大型设备是指挖掘机、装载机、抓岩机、装岩机、装运机、掘进机、采煤机、刨煤机、综掘机、刮板运输机、皮带运输机、液压支架、转载机、钻井机械、采油机械、修井机械、破碎机械、粉磨机械、筛分机械、分选（选别）机械、脱水机械、制砂机械等。

1. 露天矿主要采矿设备

（1）穿孔设备：冲击式钻机、潜孔钻机和牙轮钻机。

（2）采装设备：挖掘机（有多斗和单斗两类）、轮斗铲和前端式装载机，广泛采用的为单斗挖掘机。

（3）运输设备：汽车、输送机等。

（4）排土设备：推土犁、推土机、前装机、拖拉铲运机、索斗铲等。

2. 地下矿山主要采矿设备

（1）金属矿山：铲运机、凿岩台车、破碎机、钻机等。

（2）煤矿设备：综合采煤机、综合掘进机、凿岩台车、刮板运输机、液压支架、皮带运输机等。

3. 选矿加工设备

选矿加工设备有破碎机、除土筛、皮带机、整形机、给料机、筛分机械等。

（二）时间

时间是指购置时间。不同设备、不同购置时间分成不同内容记录。

（三）能耗指标

能耗指标是指设备的用能情况，单位时间的能源消耗量，为后期碳核算提供支持。

三、法律法规

国家明令淘汰的落后生产工艺装备主要是国家发展改革委发布的《产业结构调整指导目录》中淘汰类的内容。

四、管理要求

管理要求如下：

（1）禁止使用国家明令淘汰的落后生产工艺装备。

（2）应建立设备检修和维修计划，定期维护设备。

（3）选用智能化装备，开展"机械化换人、自动化减人、智能化无人"活动。

五、涉及地点

涉及地点包括采掘工作面、选矿车间（矿物加工车间）、主要运输道路等。

六、对应标准

表3-2为采选装备的对应标准。

表3-2 采选装备的对应标准

内 容	行业标准条款	评价指标条款
采选装备	《绿色矿山建设规范》6.1，6.2	《绿色矿山评价指标》18，20，52，62，71，90

七、企业相关部门

依据企业实际设置的职能部门，如机电部、选矿车间、运输队、生产部、安环部等。

第二节 先进技术和装备

表3-3为先进技术和装备清单示例。

表3-3 先进技术和装备清单示例

序号	技术装备名称	使用地点	购置时间	先进技术认定单位	认定文件	对应内容	负责部门
1	煤矿安全生产综合监控系统	采场、洗煤厂、调度室	2020年	应急管理部	《安全生产先进适用技术、工艺、装备和材料推广目录》	第25项	生产部
2	车辆人员移动设备定位系统	主要运输道路	2019年	应急管理部	《安全生产先进适用技术、工艺、装备和材料推广目录》	第313项	应急管理部
3	减损抑尘技术	储运中心	2020年	国家发展改革委	《国家重点节能技术推广目录》	第二批第51项	应急管理部

一、表格的意义

先进技术装备清单能够清楚了解到矿山企业技术装备的选型情况，体现矿山企业技术装备的先进性、适用性以及是否符合国家节能环保的要求。

矿山企业应选用国家鼓励、支持和推广的采选工艺、技术和装备，采选工艺、技术或装备入选《国家鼓励发展的环境保护技术目录》《矿产资源节约与综合利用先进适用技术推广目录》《国家先进污染防治示范技术名录》《安全生产先进适用技术、工艺、装备和材料推广目录》《国家重点节能技术推广目录》《节能机电设备（产品）推荐目录》等。

二、填报说明

（一）认定文件

认定文件应为表3-4中列出的国家有关部门认定的技术目录。比如，2020年度《矿产资源节约和综合利用先进适用技术目录》。

表3-4　认定文件

内　容	单　位	意　义
《矿产资源节约和综合利用先进适用技术目录》	自然资源部	推广矿产资源节约和综合利用先进适用技术
《国家鼓励发展的环境保护技术目录》	生态环保部	加快节能减排技术产业化示范和推广，引导环保产业发展
《国家先进污染防治示范技术名录》	生态环保部	加快环保先进污染防治技术示范、应用和推广
《安全生产先进适用技术、工艺、装备和材料推广目录》	应急管理部	推广安全生产先进适用的技术、工艺、装备和材料
《国家重点节能技术推广目录》	国家发展改革委	重点节能技术的推广普及，引导用能单位采用先进的节能新工艺、新技术和新设备，提高能源利用效率
《节能机电设备（产品）推荐目录》	工业和信息化部	引领节能机电设备（产品）转型升级
《产业结构调整指导目录》	国家发展改革委	引导产业结构调整方向

注：该表的各种文件有一些是累加的，有一些是重新确定，均以有效文件为准。

（二）对应内容

对应内容应为该项技术在相关文件中的第几条内容。比如，2020年度《矿产资源节约和综合利用先进适用技术目录》第三百项。

（三）先进技术认定单位

先进技术认定单位是指有关目录的发布部门，如自然资源部。

三、管理要求

管理要求使用国家鼓励的先进适用性技术。

四、涉及地点

涉及地点包括采掘工作面、选矿车间（矿物加工车间）、主要运输道路、皮带廊、排土场（废石场）、尾矿库（矸石山）等。

五、对应标准

表3-5为先进适用技术和装备的对应标准。

表3-5 先进适用技术和装备的对应标准

内容	行业标准条款	评价指标条款
先进适用技术	《绿色矿山建设规范》6.1、6.2、7.2、8.2	《绿色矿山评价指标》71

六、企业相关部门

依据企业实际设置的职能部门，如机电部、科技部等。

第三节 智能矿山子系统

表3-6为智能矿山子系统示例。

表3-6 智能矿山子系统示例

序号	系统名称	投入时间	技术厂商	投资预算/万元	实现功能	存储数据	负责部门
1	信息基础设施	2021年	系统设施涉及种类多，均采用国产品牌	3987	骨干网络采用万兆工业以太网，采用4G、WiFi、Lora、万兆光纤等通信技术实现井下"一张网"语音、视频、数据全业务传输，同时建成有"一张图"平台系统、大数据平台及云服务系统、工业控制网络安全等级保护系统	统一云存储	调度中心

序号	系统名称	投入时间	技术厂商	投资预算/万元	实现功能	存储数据	负责部门
2	地质保障系统	2021年	系统设施涉及种类多，均采用国产品牌	1565	建成智能地质保障系统，以现有的地测数据为基础，结合物探等多源数据，建立包括矿井地质、测量、水文、储量、物探等数据的云空间数据库，实现矿井地质数据融合分析及二、三维展示的能力	统一云存储	调度中心
3	掘进系统	2021年	连采机为久益连采机，智能快速掘进系统计划采用国产品牌	14200	通过连采机智能化改造和快速掘进系统建设，建成智能化掘进工作面，设备采用"连采机+锚杆转载机组+带式转载机"的配套方案，同时搭建了一套数字化监控系统	统一云存储	调度中心
4	采煤工作面	2021年	液压支架采用郑州煤矿机械集团股份有限公司提供	8300	以可靠的电液控系统、智能三机控制系统、工作面通信系统、泵站控制系统、供电监控系统、采煤机自动化截割控制系统、无线传输与无线遥控系统为基础；以工作面人员识别系统、设备姿态监测系统，安全监测监控系统和工作面视频系统为保障；以工业总线网络为通道；以高端集控设备为平台，建设以实现井下集控、地面远控为目标，具有主动感知、自动分析、智能处理的安全，高效，节能，少人化的智能综采工作面	统一云存储	调度中心

一、表格的意义

智能矿山子系统使生产处于最佳状态和最优水平，自动化、数字化、信息化程度高的矿山，矿山企业管理水平相应也会比较高。

二、填报说明

(一) 系统内容

1. 集中管控中心

通过信息的挖掘与应用，最终形成从生产链到供应链，再到营销链的智能矿山管控一体化过程。

2. 采掘过程自动化

采掘作业场所、中央变电所、水泵房、风机站、空压机房、皮带运输巷等场所固定设施，安装自动化控制系统。

3. 选矿过程自动化

建设智能选厂，实现对选矿厂各个生产环节（如破碎、筛分、磨矿分级、选别、脱水等）以及整个选矿厂生产工艺指标（如精矿品位和回收率、有害成分控制等），通过建立控制模型实现智能化生产和控制。

4. 在线监测平台接入

将废石场、废渣场等堆场、边坡建设安全、环境监测系统平台，废气、废水、粉尘、噪声等建设在线监测平台接入到综合管控一体化平台。

5. 远程视频监控

在硐口（井口）、车场、卸料口、绞车房、炸药库、水泵房、变电站、选矿厂、尾矿库、排土场、过磅房、污水处理厂等主要工作场所，安装远程视频监控系统，做到24h全时段监控。

6. 储量管理系统

储量管理系统应能够建立资源储量3D模型，实现资源储量的动态管理；建立资源经济模型，实现资源的动态经济评价；建设资源储量软件管理系统，每年能规范地计算资源保有量和消耗量等功能。

7. 煤矿无人工作面开采

煤矿无人工作面开采是指工人不出现在回采工作面内，而是在回采工作面以外的地点操作和控制机电设备，完成工作面内的破煤、装煤、运煤、支护和处理采空区等各项工序。煤矿无人工作面开采是一种先进、高效的回采工艺。

8. 无人驾驶矿车

无人驾驶矿车是采用车辆线控技术，可在矿山现场流畅、精准、平稳地操作倒车入位、停靠、自动倾卸、轨迹运行、自主避障等各种功能。同时，随着数字化智能矿山建设不断推进，通过为矿车配置环境感知系统、行为控制和决策系统、定位系统及高精度地图，实现自动按照矿山调度指令在无人操作的情况下装载、运输和卸载的循环作业。最终，结合车辆协同运作平台，可实现无人驾驶车队协同运转，一车感知、数据共享、全局可知，达到矿区作业安全、高效的目标。

（二）实现功能

实现功能主要介绍子系统能够实现的功能。

三、法律法规、标准

法律法规、标准如下：

（1）《金属非金属地下矿山六大系统建设规范标准》（AQ 2031—2011）。

（2）《智能矿山建设规范》（DZ/T 0376—2021）。

（3）《智慧矿山信息系统通用技术规范》（GB/T 34679—2017）。

（4）工业和信息化部、国家发展改革委、自然资源部联合编制印发的《有色金属行业智能矿山建设指南（试行）》。

（5）国家能源局、国家矿山安全监察局《关于加快煤矿智能化发展的指导意见》（发改能源〔2020〕283号）。

四、管理要求

智能矿山各子系统包含的内容比较多，主要有调度控制中心、矿山安全六大系统、自动化控制系统。主要要求如下：

（1）编写智能矿山建设或规划方案；

（2）应有数字化矿山设计方案和验收材料；

（3）应在关键位置和作业场所安装远程视频监控系统；

（4）应将环境、安全监测平台的数据接入集中管控中心（调度室、中控室、监控室）；

（5）应安装无人值守称重系统、门禁管理系统及风机、水泵远程控制系统等智能化子系统。

五、涉及地点

涉及地点包括采掘工作面、选矿车间（矿物加工车间）、硐口（井口）、绞车房、排土场、水泵房、变电站、尾矿库（矸石山）、食堂、办公楼、机修厂、过磅房、污水处理厂、卸料口等。

六、对应标准

表3-7为智能矿山子系统的对应标准。

表 3-7 智能矿山子系统的对应标准

内 容	行业标准条款	评价指标条款
智能矿山子系统	《绿色矿山建设规范》9.3	《绿色矿山评价指标》 30，31，32，73～78

七、企业相关部门

依据企业实际设置的职能部门，如调度中心、机电部、信息中心等。

第四章 生态环境

资源开发最基本的问题在于矿产资源开发管理粗放，严重破坏生态环境，只有实现资源开发与生态保护相协调才能真正建设好绿色矿山。本章主要包含固体废弃物分类及堆放场所、土地复垦场地、噪声排放点、粉尘排放点、贮存场所等环境污染源以及需复垦场地的情况。

第一节 固体废弃物分类及堆放场所

表 4-1 为固体废弃物分类及堆放场所清单示例。

表 4-1 固体废弃物分类及堆放场所清单示例

序号	类型	产生地	堆置方式	是否有放射性	负责部门
1	煤矸石（尾矿）	选煤厂	大路镇何家塔村中低产农田改造项目填沟造田施工、公司厂区条形仓减量化综合利用	无	安环部
2	垃圾	食堂、宿舍、办公楼	厂区生活垃圾中转站临时贮存后拉运至政府指定处置点	无	后勤部
3	煤泥	矿井水处理站	掺配至产品煤中销售	无	安环部
4	废油桶	机修车间	危废间	无	安环部
5	酸（碱）废液	化验室	危废间	无	安环部

一、表格的意义

固体废弃物管理是矿山环境保护与治理的重要内容，固体废弃物分类清单对于了解矿山固体废弃物的总体情况具有重要的意义。

固体废弃物是指在社会的生产、流通、消费等一系列活动中产生的，在一定时间和地点无法利用而被丢弃的污染环境的固体、半固体废弃物质。不能排入水体的液态废物和不能排入大气的置于容器中的气态废物，由于多具有较大的危害性，一般也归入固体废弃物管理体系。

二、填报说明

（一）固体废弃物类型

1. 煤矸石

煤矸石是采煤过程和洗煤过程中排放的固体废物，是一种在成煤过程中与煤层伴生的一种碳含量较低、比煤坚硬的黑灰色岩石，包括巷道掘进过程中的掘进矸石、采掘过程中从顶板、底板及夹层里采出的矸石以及洗煤过程中挑出的洗矸石。其主要成分是 Al_2O_3、SiO_2，另外还含有数量不等的 Fe_2O_3、CaO、MgO、Na_2O、K_2O、P_2O_5、SO_3 和微量稀有元素（镓、钒、钛、钴）。

2. 尾矿

选矿中分选作业的产物中有用目标组分含量较低而无法用于生产的部分称为尾矿。尾矿是有待挖潜的宝藏。专家认为，我国矿业循环经济当前的任务就是要开发利用长期搁置的大量尾矿。

3. 煤泥

煤泥泛指煤粉含水形成的半固体物，是煤炭生产过程中的一种产品。根据品种的不同和形成机理的不同，其性质差别非常大，可利用性也有较大差别，其种类众多，用途广泛。

4. 石粉

矿山的石粉主要是矿物加工（选矿）过程产生的粉末。

5. 污泥

污泥是由水和污水处理过程所产生的固体沉淀物质。

6. 生活垃圾

生活垃圾处理专指日常生活或者为日常生活提供服务的活动所产生的固体废弃物。

7. 废石

废石是指已采下的不含矿的围岩和夹石的通称。在露天采矿场内，把剥离的覆土、围岩及不含工业价值的脉石统称为废石。

8. 表土

表土也称为表层土，是地球陆地表面能够产生植物收获的疏松物，富含有机质、土壤酶和微生物等物质，具有较好的营养和环境条件，能够供应和协调植物生长。

（二）堆置方式

堆置方式主要包含填沟、铺路、指定处置点、资源化利用、与原煤一并销售、加入砂石骨料一并销售等方式。

三、法律法规、标准

法律法规、标准如下：

（1）《一般工业固体废物贮存和填埋污染控制标准》（GB 18599—2020）。

（2）《环境保护图形标志 固体废物贮存（处置）场》（GB 15562.2—1995）。

（3）《一般固体废物分类与代码》（GB/T 39198—2020）。

四、管理要求

管理要求如下：

（1）应对矿山一般固体废弃物进行分类管理，建立固废的产生、利用、处置、堆放、监测等台账。

（2）应对矿山一般固体废弃物开展有价元素回收、固废资源化利用等循环经济活动，可开展固废充填或回填利用等工作。

（3）矿山应对生活垃圾进行分类收集和无害化处理，符合安全、环保要求。

（4）应建立应急响应机制，对突发环境事件有应急响应措施。

五、涉及地点

涉及地点包括矸石山（尾矿库）、废石场（排土场）、垃圾收集点（中转站）、选矿（选煤）厂、污水处理场、表土临时堆场等。

六、对应标准

表4-2为固体废弃物堆放场所的对应标准。

表4-2 固体废弃物堆放场所的对应标准

内　容	行业标准条款	评价指标条款
固废堆放场所	《绿色矿山建设规范》7.3，7.4，8.3，8.5	《绿色矿山评价指标》6，7，60

七、企业相关部门

依据企业实际设置的职能部门，如安环部、生产部、后勤部等。

第二节　土地复垦场所

表4-3为土地复垦场所清单示例。

表4-3 土地复垦场所清单示例

序号	复垦场地	面积	工程状况	负责部门
1	中低产农田改造项目	98万平方米	进行中	生产部
2	开采塌陷区	500万平方米	进行中	生产部

一、表格的意义

土地复垦场所应依据《土地复垦条例》的要求和《矿山地质环境保护与土地复垦方案》规定内容进度来进行。土地复垦场所清单能够清楚了解正在复垦哪些场所，计划复垦哪些场所。

二、填报说明

（一）复垦场地

需复垦的土地包括但不限于：

（1）由于露天采矿、取土、挖砂、采石等生产建设活动直接对地表造成破坏的土地；

（2）由于地下开采等生产活动中引起地表下沉塌陷的土地；

（3）工矿企业的排土场、尾矿场、电厂储灰场、钢厂灰渣、城市垃圾等压占的土地；

（4）堆放采矿剥离物、废石、矿渣等固废压占的土地；

（5）矿区专用道路、矿山工业场地等压占的土地；

（6）露天采场终了平台应及时复垦或绿化；

（7）工业排污造成对土壤的污染池；

（8）废弃的水利工程，因改线等原因废弃的各种道路（包括铁路、公路）路基、建筑搬迁等毁坏而遗弃的土地；

（9）临时建筑拆除的场地；

（10）其他荒芜废弃地。

（二）工程状态

工程状态包含未达到复垦条件、达到复垦条件但未能进行、正在进行、已完成等类型。

三、法律法规、标准

法律法规、标准如下：

（1）《土地复垦条例》。

（2）土地复垦质量控制标准（TDT 1036）。

四、管理要求

（一）土地复垦的原则

土地复垦的原则是：
（1）选用合理的技术方案，减少或降低资源开发对环境造成的负效应；
（2）坚持"边开采、边治理、边恢复"的设计原则；
（3）恢复治理后的各类场地，与周边自然环境相协调。

（二）工程要求

工程要求如下：
（1）露天开采造成的裸露区域对周边景观影响较大，则应采取减轻不利影响的措施；
（2）露天开采矿山还应符合露采终了平台留设与复垦绿化的要求；
（3）土地复垦质量符合《土地复垦质量控制标准》；
（4）复垦后对动植物不造成威胁。

五、涉及地点

涉及地点包括临建设施、矸石山（尾矿库）、废石场（排土场）、表土场、矿区道路、终了平台、塌陷区等。

六、对应标准

表4-4为地质环境治理与土地复垦区的对应标准。

表4-4 地质环境治理与土地复垦区的对应标准

内　容	行业标准条款	评价指标条款
地质环境治理与土地复垦区	《绿色矿山建设规范》6.1，6.2	《绿色矿山评价指标》21~24

七、企业相关部门

依据企业实际设置的职能部门，如安环部、生产部、后勤部等。

第三节　主要产尘点

表4-5为主要产尘点清单示例。

表4-5　主要产尘点清单示例

序号	工作场所	产尘装备	总尘	呼尘	处理措施	负责部门
1	回采作业区域 F6216	采煤机割煤、落煤、输送机作业、多工序同时作业、破碎机转载	—	—	煤机内外喷雾、架间喷雾、净化水幕	安环部
2	回采作业区域 F6213	采煤机割煤、落煤、输送机作业、多工序同时作业、破碎机转载	—	—	煤机内外喷雾、架间喷雾、净化水幕	安环部
3	辅运顺槽范围 F6220	掘进机作业、转载机转载、锚杆机支护、多工序同时作业、胶带输送机转载	—	—	连采机内外喷雾、净化水幕	安环部
4	切眼范围 F6218	掘进机作业、转载机转载、锚杆机支护、多工序同时作业、胶带输送机转载	—	—	连采机内外喷雾、净化水幕	安环部
5	运输顺槽范围 F6219	综掘机作业、风钻锚杆支护、多工序同时作业、胶带输送机转载	—	—	掘进机内外喷雾、净化水幕	安环部
6	副回撤通道范围 F6225	综掘机作业、风钻锚杆支护、多工序同时作业、胶带输送机转载	—	—	掘进机内外喷雾、净化水幕	安环部
7	道路	车辆运输	—	—	吸尘车、洒水降尘	安环部
8	铁路装车	煤炭装卸	—	—	喷洒抑尘剂	安环部

一、表格的意义

粉尘产生点清单能够整体了解矿山采选过程粉尘排放情况，粉尘清单有利于不断细化和完善对粉尘的管理，减少粉尘对人体的危害。

粉尘是指悬浮在空气中的固体微粒。习惯上对粉尘有许多名称，如灰尘、尘埃、烟尘、矿尘、砂尘、粉末等，这些名词没有明显的界限。国际标准化组织规定，粒径小于 $75\mu m$ 的固体悬浮物定义为粉尘。在大气中粉尘的存在是保持地球温度的主要原因之一，大气中过多或过少的粉尘将对环境产生灾难性的影响。但在生活和工作中，生产性粉尘是人类健康的天敌，是诱发多种疾病的主要原因。

二、填报说明

（一）采矿的产尘环节与设备

采矿场在穿孔、爆破和二次破碎、铲装、汽车运输、汽车卸载、破碎、装载机平整工作面及排土场等生产过程中都会产生大量的粉尘。露天采矿场具有产尘点多、产尘量大、空气含尘浓度高等特点，此外，露天采矿场粉尘还具有分散度高的特点。

（1）总尘、呼尘参照《工作场所有害因素职业接触限值　第1部分：化学有害因素》（GBZ 2.1）填写。

（2）钻机穿孔作业：产尘穿孔过程中，岩石破碎成粉末，如不采取措施，将产生较多粉尘。

（3）爆破作业产尘：爆破作业时，矿岩由于受到药包爆破的巨大压力作用而粉碎，随后形成粉尘。爆破瞬间产生的粉尘量最大，但形成的高浓度粉尘在空气中的维持时间较短。

（4）铲装作业产尘：一部分粉尘是沉落在矿岩表面上的，另一部分是摩擦、碰撞产生的粉尘因振动而扬起形成二次粉尘；另外，铲斗在向汽车卸料时由于落差也会产生大量粉尘。

（5）破碎过程中产尘：矿石在破碎过程中产生大量粉尘，如果在此过程中不采取有力措施，其粉尘危害相当大，不但给从业人员的身体造成极大影响，而且会造成严重的粉尘污染。

（二）矿物加工的产尘环节与设备

本章主要从砂石骨料矿生产线粉尘治理点、有色金属矿生产线粉尘治理点、黑色金属矿生产线粉尘来源，梳理粉尘产生点及产生设备。

1. 砂石骨料矿生产线粉尘治理点

（1）原矿仓除尘治理点：原矿仓入料口。

（2）粗碎除尘治理点。具体包括：

1）给料机上部受料点；

2）破碎机上部入料口；

3）破碎机出料落料至皮带落料点。

（3）半成品库除尘治理点。具体包括：

1）来料皮带机头；

2）来料皮带机头返回带托辊点；

3）半成品库皮带落料点；

4）半成品库底部出料给料机；

5）给料机卸料至出料皮带落料点。

（4）除土筛分除尘治理点。具体包括：

1）来料皮带机头返回带托辊点；

2）除土筛筛面；

3）除土筛筛上料落料至输送皮带；

4）除土筛筛下渣土落料至输送皮带。

（5）渣土堆除尘治理点。具体包括：

1）来料皮带机头返回带托辊点；

2）渣土来料皮带机头卸料；

3）渣土堆棚皮带落料点。

（6）中碎除尘治理点。具体包括：

1）中碎上部调节料仓入料口；

2）给料机面；

3）中碎破碎机上部入料口；

4）中碎破碎机下部出料落料至输送皮带落料点。

（7）细碎除尘治理点。具体包括：

1）细碎上部调节料仓入料口；

2）给料机面产尘点；

3）细碎破碎机上部入料口；

4）细碎破碎机下部出料落料至输送皮带落料点。

（8）一级筛分除尘治理点。具体包括：

1）来料皮带机头；

2）一级筛分上部调节料仓入料口；

3）给料机面产尘点；

4）一级振筛（多层筛）筛面；

5）一级振筛筛上料落料至输送皮带；

6）一级振筛筛中料落料至输送皮带；

7）一级振筛筛下料落料至输送皮带。

（9）二级筛分除尘治理点。具体包括：

1）来料皮带机头；

2）二级筛分上部调节料仓入料口；

3）给料机面；

4）二级振筛（多层筛）筛面；

5）二级振筛筛上料落料至输送皮带；

6）二级振筛筛中料落料至输送皮带；

7）二级振筛筛下料落料至输送皮带。

（10）整形除尘治理点。具体包括：

1）整形机上部调节料仓入料口；

2）给料机面产尘点；

3）整形机（立轴冲击波）上部入料口；

4）整形机（立轴冲击波）下部出料落料至输送皮带落料点。

（11）整形工段筛分除尘治理点。具体包括：

1）来料皮带机头；

2）整形筛分上部调节料仓入料口；

3）给料机面产尘点；

4）振筛筛面；

5）振筛筛中料落料至输送皮带；

6）振筛筛下料落料至输送皮带。

（12）成品骨料库除尘治理点。具体包括：

1）成品库顶部入料口；

2）库顶部皮带转运点；

3）成品料皮带机头返回带；

4）成品料库底部卸料装车。

（13）石粉罐除尘治理点。具体包括：

1）石粉罐顶部排气；

2）粉罐底部卸粉装车。

2. 有色金属矿生产线粉尘治理点

（1）原矿仓除尘治理点：原矿仓入料口。

（2）粗碎除尘治理点。具体包括：

1）给料机上部受料点；

2）破碎机上部入料口；

3）破碎机出料落料至皮带落料点。

（3）中碎除尘治理点。具体包括：

1）中碎上部缓存料仓入料口；

2）给料机面；

3）中碎破碎机上部入料口；

4）中碎破碎机下部出料落料至输送皮带落料点。

（4）细碎除尘治理点。具体包括：

1）细碎上部缓存料仓入料口；

2）给料机面产尘点；

3) 细碎破碎机上部入料口;

4) 细碎破碎机下部出料落料至输送皮带落料点。

（5）检查筛分除尘治理点。具体包括:

1) 来料皮带机头;

2) 筛分上部缓存料仓入料口;

3) 给料机面;

4) 振筛筛面;

5) 振筛筛上不合格料落料至输送皮带;

6) 振筛筛下成品料落料至输送皮带。

（6）转运站除尘治理点。具体包括:

1) 来料皮带机头;

2) 来料皮带转运卸料至下游皮带落料点。

（7）成品料库顶部除尘治理点。具体包括:

1) 来料皮带机头;

2) 来料皮带落料至移动布料皮带落料点;

3) 移动皮带落料至成品料库。

（8）成品料库底部除尘治理点。具体包括:

1) 给料机面;

2) 给料机卸料至转运皮带;

3) 转运皮带卸料至输出长皮带;

4) 转运皮带机头;

5) 输出长皮带机头。

3. 黑色金属矿生产线粉尘治理点

（1）原矿仓除尘治理点:原矿仓入料口。

（2）粗碎除尘治理点。具体包括:

1) 给料机上面受料点;

2) 破碎机上部入料口;

3) 破碎机出料落料至皮带落料点。

（3）中碎除尘治理点。具体包括:

1) 中碎上部缓存料仓入料口;

2) 给料机面产尘点;

3) 中碎破碎机上部入料口;

4) 中碎破碎机下部出料落料至输送皮带落料点。

（4）细碎除尘治理点。具体包括:

1) 细碎上部缓存料仓入料口;

2）给料机面；

3）细碎破碎机上部入料口；

4）细碎破碎机下部出料落料至输送皮带落料点。

（5）检查筛分除尘治理点。具体包括：

1）来料皮带机头；

2）筛分上部缓存料仓入料口；

3）给料机面；

4）振筛筛面；

5）振筛筛上不合格料落料至输送皮带；

6）振筛筛下成品料落料至输送皮带。

（6）干磁选除尘治理点。具体包括：

1）干磁选机入料口；

2）干磁选机落料至精矿皮带落料点；

3）干磁选机落料至废矿皮带落料点；

4）废矿皮带落料至扫选（干磁选机）入料口；

5）扫选（干磁选机）落料至精矿皮带落料点；

6）扫选（干磁选机）落料至废矿皮带落料点。

（7）转运站除尘治理点。具体包括：

1）来料皮带机头；

2）来料皮带转运卸料至下游皮带落料点。

（8）精矿仓顶部除尘治理点。具体包括：

1）精矿皮带机头；

2）精矿皮带机头回带；

3）精矿来料皮带落料至移动布料皮带落料点；

4）移动皮带落料至精矿库。

（9）成品料库底部除尘治理点。具体包括：

1）给料机面；

2）给料机卸料至转运皮带；

3）转运皮带卸料至输出长皮带；

4）转运皮带机头；

5）输出长皮带机头。

（10）废矿堆棚除尘治理点。具体包括：

1）废矿皮带机头；

2）废矿皮带机头回带；

3）废矿皮带落料至废矿堆棚。

(三) 总尘、呼尘

总尘、呼尘的定义，以及检测方法等如下：

(1) 总粉尘简称为总尘，呼吸性粉尘简称为呼尘。

(2) 总尘为所有可进入整个呼吸道 (鼻、咽、喉、胸腔支气管、细支气管和肺泡) 的粉尘；是从技术上用总粉尘采样器按标准方法在呼吸带测得的所有粉尘；是用直径为 40mm 滤膜，按标准粉尘测定方法采样所得到的粉尘。

(3) 呼尘是能进入人体肺泡区的颗粒物，是只按呼吸性粉尘标准测定方法所采集的可进入肺泡的粉尘粒子。呼尘的空气动力学直径在 7.07μm 以下，空气动力学直径 5μm 的粉尘粒子的采样效率为 50%。

(4) 常见矿山岗位粉尘浓度要求。常见矿山岗位粉尘浓度要求参照《工作场所有害因素职业接触限值 第 1 部分：化学有害因素》(GBZ 2.1)，详见表 4-6。

表 4-6 常见矿山岗位粉尘浓度要求

序号	中文名	化学文摘号 (CASNo.)	时间加权平均容许浓度 (PC-TWA)/mg·m⁻³		临界不良 健康效应	备注
			总粉尘	呼吸性粉尘		
1	白云石		8	4	尘肺病	—
2	大理石	1317-65-3	8	4	眼、皮肤刺激，尘肺病	—
3	硅灰石	13983-17-0	5	—		—
4	硅藻土 (游离二氧化硅含量<10%)	61790-53-2	6		尘肺病	
5	石灰石	1317-65-3	8	4	眼、皮肤刺激，尘肺病	
6	10%≤硅藻土 (游离二氧化硅含量≤50%)	14808-60-7	1	0.7	硅肺	G1 结晶型
	50%<硅藻土 (游离二氧化硅含量≤80%)		0.7	0.3		
	硅藻土 (游离二氧化硅含量>80%)		0.5	0.2		
7	稀土 (游离二氧化硅含量<10%)	—	2.5		稀土尘肺，皮肤刺激	—
8	萤石混合性	—	1	0.7	硅肺	—

序号	中文名	化学文摘号（CASNo.）	时间加权平均容许浓度（PC-TWA）/mg·m⁻³		临界不良健康效应	备注
			总粉尘	呼吸性粉尘		
9	云母	12001-26-2	2	1.5	云母尘肺	—
10	珍珠岩	93763-70-3	8	4	眼、皮肤、上呼吸道刺激	—
11	蛭石		3		眼、上呼吸道刺激	—
12	重晶石	7727-43-7	5	—	眼刺激，尘肺病	—
13	其他粉		8			

（四）处理措施

粉尘防治主要有洒水喷雾、布袋收尘、戴防尘口罩、湿式凿岩、干法除尘、封闭等手段。

1. 采矿阶段

采矿阶段的粉尘防治处理措施有：

（1）凿岩防尘。优先采用除尘效率高的湿式凿岩，当不具备湿式凿岩条件时，可采用干式捕尘凿岩。干式捕尘凿岩分为在凿岩口以捕尘罩抽尘或在孔底抽尘两种形式。在不宜大量用水的情况下，可用泡沫除尘，即将泡沫压入孔底或喷射孔口，或将含尘空气引入泡沫除尘器净化。

（2）爆破防尘。爆破矿石时产尘量最大，产尘时间集中，主要的防尘措施有喷雾洒水和水封爆破。喷雾洒水常采用爆破波启动喷雾器、净化水幕和水风引射器等。

（3）装运防尘。矿石堆放、装岩机、装运机、铲运机、矿车、皮带机及溜井放矿、装车等作业均会产生大量粉尘，可采用喷雾洒水、密闭抽风等措施防止粉尘散发。

（4）破碎防尘。对各式破碎设备工作时所产生的粉尘，在设备密闭的基础上，可采用湿法防尘与机械除尘联合除尘措施。机械除尘的净化设备采用袋式除尘器或湿式除尘器。地下破碎硐室除尘应选用湿式除尘器，当除尘系统的排风不能排至回风巷道或地面、只能就地排放时，排风需经高效过滤器处理。

2. 矿物加工阶段

矿物加工阶段的粉尘防治处理措施有：

（1）破碎、筛分、给料系统均应设置在全密封车间内。采用袋式除尘器收尘、洒水降尘、集中负压除尘等设备进行综合治理。

（2）在破（粉）碎、筛分、输送、配料等工艺过程中，连续产生粉尘的部位应安装高效除尘装置，主要有高效袋式除尘器负压收尘、抑尘机、导料槽等。砂石生产加工高效除尘设备具体参照表4-8配置。

（3）生产中的物料运输应采用密闭皮带、密闭通廊，物料堆存于封闭式场所。

3. 贮存和运输过程防尘要求

针对采、选运输扬尘，应在出厂（场）处设车辆冲洗设施对出厂车辆冲洗除泥；矿石装载不高于车厢、加盖帆布，以控制矿石运输的扬尘与抛撒污染。在所经村庄处应配置专人及时清扫路面，并定时洒水防尘。在通过村庄时应谨慎慢行，减少车辆颠簸，矿石抛洒。

针对煤矿：（1）储煤场应全封闭，场内设洒水抑尘设施。（2）矸石临时周转场宜设围挡、棚顶，形成半封闭场区，并采取洒水等抑尘措施。（3）风选系统应配备袋式除尘器，其排气筒出口粉尘浓度、去除效率应满足《煤炭工业污染物排放标准》（GB 20426—2006）相关要求。（4）汽车运输扬尘。原煤装车应覆盖密闭，车辆进出应清洗泥尘。

三、法律法规、标准

法律法规、标准如下：

（1）《工作场所有害因素职业接触限值 第1部分：化学有害因素》（GBZ 2.1）。

（2）《土地复垦质量控制标准》（TDT 1036）。

（3）《粉尘防爆安全规程》（GB 15577）。

四、管理要求

管理要求如下：

（1）大气污染物排放浓度限值见表4-7。

表4-7 大气污染物排放浓度限值 （$\mu g/m^3$）

污染物	核心控制区	重点控制区	一般控制区
颗粒物	5	10	20
二氧化碳	35	50	100
氮氧化物（以 NO_2 计）	50	100	200

（2）环境监测。定期、定点对作业环境的生产性粉尘进行浓度检测，对超过国家职业卫生标准的作业场所必须进行治理。

（3）车辆冲洗。装车前洒水，卸矿处喷雾；增强路面保护，外运车密封，道路安装喷雾降尘或洒水降尘设施等。

(4) 废石或矿石周转场地、贮存场所应配备配套的防扬尘设施。

五、涉及地点

涉及地点包括所有生产作业场所。

六、对应标准

表4-8为矿山产尘点的对应标准。

表4-8 矿山产尘点的对应标准

内 容	行业标准条款	评价指标条款
矿山产尘点	《绿色矿山建设规范》8.3	《绿色矿山评价指标》51~54

七、企业相关部门

依据企业实际设置的职能部门，如安环部、生产部、后勤部等。

第四节 主要产噪点

表4-9为主要产噪点清单示例。

表4-9 主要产噪点清单示例

序号	工作场所	产噪设备	岗位接触时间	接触限值	降噪措施	负责部门
1	风井工业广场	主通风机	作业时	85dB（A）	设备自带消声装置、戴耳塞	安环部
2	连采一队风机	局部通风机	作业时	85dB（A）	设备自带消声装置、戴耳塞	安环部
3	连采一队连采机	掘进机	作业时	85dB（A）	戴耳塞	安环部
4	连采二队风机	局部通风机	作业时	85dB（A）	设备自带消声装置、戴耳塞	安环部
5	连采二队连采机	掘进机	作业时	85dB（A）	戴耳塞	安环部
6	综掘一队风机	局部通风机	作业时	85dB（A）	设备自带消声装置、戴耳塞	安环部

一、表格的意义

噪声产生点清单能够整体了解矿山采选过程噪声排放情况，噪声清单有利于不断细化和完善对噪声的管理，减少噪声对人体的危害。它是一类引起人烦躁、或音量过强而危害人体健康的声音。

噪声级为 30~40dB 是比较安静的正常环境；超过 50dB 就会影响睡眠和休息，由于休息不足，疲劳不能消除，正常生理功能会受到一定的影响；70dB 以上干扰谈话，造成心烦意乱，精神不集中，影响工作效率，甚至发生事故；长期工作或生活在 90dB 以上的噪声环境，会严重影响听力和导致其他疾病的发生。

二、填报说明

（一）产噪设备

产噪设备主要有采煤机、掘进机、通风机、挖掘机、钻机、破碎机、磨矿机、筛分设备、空压机、排水泵等。

（二）岗位接触时间和限值

岗位接触时间是指每班在相应岗位的工作时间，限值是指最高的噪声。

《工业企业噪声卫生标准（试行草案）》第五条要求，工业企业的生产车间和作业场所的工作地点的噪声标准为 85dB，现有工业企业经过努力暂时达不到标准时，可适当放宽，但不得超过 90dB。《工作场所有害因素职业接触限值 第 2 部分：物理因素》（GBZ 2.2—2007）所规定的工作场所噪声接触限值如下：日接触时间 8h 接触限值为 85dB，日接触时间 4h 接触限值为 88dB，日接触时间 2h 接触限值为 91dB，日接触时间 1h 接触限值为 94dB。

（三）降噪措施

降噪措施如下：

（1）高噪声设备宜相对集中地布置在远离管理区和生活区的地段。

（2）产生高噪声的车间应与低噪声的车间分开布置。

（3）产生高噪声的生产设施周围宜布置对噪声较不敏感、高大、朝向有利于隔声的建筑物、构筑物等。

（4）根据实际情况因地制宜地采用下沉式设计，加装减震、消声装置进行降噪。

（5）在噪声明显的关键部位或厂界附近，对高噪声设备采用部分或整体封装，在隔声屏罩、隔声围护结构内加装吸音材料等。

（6）控制风机噪声的常用方法是在风机的进、出口处安装阻性消声器。对于有更高降噪要求的场合采用消声隔声箱，并在机组与地基之间安置减震器。

（7）降低空压机噪声的措施是因地制宜地设计安装隔声罩，以及在进出风口安装消声器等。

（8）控制电机噪声的措施有安装隔声罩；改变电机冷却风扇结构，如改变叶片和风叶直径、减少叶片数量；安装消声器等。

（9）控制凿岩设备噪声的措施有在凿岩机排气口安装轻型消声器、用泡沫氯丁橡胶制成钎杆套、用隔噪外罩封闭凿岩机机体外壳、在台车上设置隔声操作间。

（10）控制主排水泵噪声的措施有水泵房内墙壁四周及机房顶部装设吸隔音板并用轻钢龙骨固定；机房与其他室内相通孔洞严密堵塞，避免空气传声；保障机房门、窗的密闭性；水泵加隔音罩；水泵底部安装隔振平台。

（11）对于职工可通过戴耳塞等措施降低噪声的危害。

三、法律法规、标准

法律法规、标准如下：

（1）《工业企业噪声卫生标准（试行草案）》。

（2）《工作场所有害因素职业接触限值　第2部分：物理因素》（GBZ 2.2）。

（3）《工业企业厂界环境噪声排放标准》（GB 12348）。

（4）《声环境质量标准》（GB 3096）。

（5）《声环境功能区划分技术规范》（GB/T 15190）。

四、管理要求

管理要求如下：

（1）生产车间噪声须满足《工业企业噪声卫生标准（试行草案）》规定，厂区边界噪声须满足《工业企业厂界环境噪声排放标准》（GB 12348）规定。

（2）矿山企业应采用隔音、消声、减震、厂房密闭等措施减少噪声的产生和排放。

（3）应建立噪声检测制度，配备噪声检测设备，按规定进行检测。

五、对应标准

表4-10为矿山产噪点的对应标准。

表4-10　矿山产噪点的对应标准

内容	行业标准条款	评价指标条款
矿山产噪点	《绿色矿山建设规范》8.3	《绿色矿山评价指标》61～63

六、企业相关部门

依据企业实际设置的职能部门，如安环部、生产部、后勤部等。

第五节 贮存场所

表4-11为贮存场所清单示例。

表4-11 贮存场所清单示例

序号	场所名称	环境保护设施配置	投入时间	负责部门
1	煤炭储煤仓	储煤仓封闭，有喷雾抑尘	2010年	安环部
2	危废库	危废间内部有防渗漏、防溢流等措施	2018年	安环部

一、表格的意义

本表格重点是贮存场所的管理。贮存场所是影响矿山安全、环保的重要场地，通过贮存场所清单，能够了解除采、选、运输之外环境、安全管理的重点。

二、填报说明

（一）矿山贮存场所

矿山的贮存场所主要有储煤仓、危废库、成品库、半成品库、精矿车间、仓库、尾矿库等。

（二）环境保护设施配置

贮存场所有哪些环境保护配套设施。

（三）投入时间

投入时间是指从开始什么时间开始运营使用的。

三、法律法规、标准

法律法规、标准如下：

（1）矿山一般固体废弃物入场、运行、污染控制、封场、充填及回填利用、土地复垦、监测等应按照《一般工业固体废物贮存和填埋污染控制标准》（GB 18599）要求执行。

（2）矿山危险废物管理应满足《危险废物贮存污染控制标准》（GB 18597）的要求。

四、管理要求

管理要求如下：

（1）固体废弃物储存场所在环评中应该对设置贮存、处置场进行专题评价。

（2）在固废贮存、处置场所设置环境保护图形标志。

（3）废石或矿石周转场地、贮存场所具有配套的防扬尘设施。

（4）矿区及贮存场（矿石堆放场）按《水土保持综合治理技术规范 小型蓄排引水工程》（GB/T 16453.4—2008）建设雨水截（排）水沟及沉淀池，汇集的地表淋溶水经沉淀池沉淀后达标排放，地表水环境质量达到《地表水环境质量标准》（GB 3838—2002）相应的水质要求。

五、对应标准

表 4-12 为贮存场所的对应标准。

表 4-12 贮存场所的对应标准

内　容	行业标准条款	评价指标条款
贮存场所	《绿色矿山建设规范》5.2，8.3	《绿色矿山评价指标》2，6，54

六、企业相关部门

依据企业实际设置的职能部门，如安环部、生产部、后勤部、机电部/供应部等。

第六节　环境监测

表 4-13 为环境监测清单示例。

表 4-13 环境监测清单示例

序号	类型	监测方式	监测点/检测点	监测启用时间/检测频率时间	负责部门
1	煤矸石	人工	中低产农田改造项目	每季度一次	安环部
2	废水	人工	矿井水处理站、生活污水处理站	每季度一次	安环部
3	废气	人工	锅炉烟囱	每月一次	安环部
4	复垦区	人工	煤矿建立了矿山地质环境监测体系，主要监测地面塌陷区的地面变形和矸石场边坡稳定状态。在地面塌陷区共布设监测点 173 个	简易监测每月监测一次，专业监测每半年监测一次	生产部
5	粉尘	人工	厂界无组织排放	每季度一次	安环部
6	噪声	人工	空气质量监测模块、无线传输模块、LED 显示屏模块、厂界噪声	每季度一次	安环部

一、表格的意义

环境监测点清单明确了矿山有哪些自动和人工检测数据，体现了矿山企业的环境管理能力。从表4-13中可以看出缺少哪些监控、哪些系统应接入一体化管控平台，环境是否达标，安全环境管理是否到位。

原环境保护部印发的《排污单位自行监测技术指南　总则》《排污单位自行监测技术指南　火力发电及锅炉》等自行监测技术指南，指导和规范排污单位自行监测工作，支撑《排污许可证》的申请与核发，规范企业自证守法行为。

二、填报说明

（一）监测类型

1. 空气质量检测

在矿区人员流动较大或噪声、粉尘排放较大的地点设置小环境气候站。主要是矿区内部员工和外部来访人员能够及时了解矿区的粉尘、噪声、湿度、温度等变化情况，及时制定相关措施，改善和优化矿区环境。监测方法：室外安装小气候监测站。

2. 地灾监测

对因采矿形成地裂隙、地裂缝、塌陷等进行检测，主要包括：

（1）采空区地面塌陷监测：矿区塌陷面积较大的，采用遥感技术监测；重点矿区采用高精度GPS、钻孔倾斜仪、全站仪等监测，其他采用人工现场调查、量测。例如，塌陷裂缝长度、可见深度、宽度等监测。

（2）矿区地面沉降监测：重点矿山采用现场埋设基岩标自动监测，其他采用高精度GPS监测。

（3）边坡监测项目包括巡查巡视、变形监测、应力监测、振动监测和水文监测。除了巡查巡视需要人工，其他项目均可自动监测。

（4）矿区山体开裂监测：采用人工现场调查、量测。

3. 安全环境监测

安全环境监测包括：

（1）污水监测是对矿井需排放废水的水质检测，交第三方单位监测。

（2）尾矿监测对尾矿坝体的位移进行监测，主要通过位移传感器进行监测。监测方法：自动监测。

（3）废气监测是确定固定污染源排放废气中各种污染物的排放浓度和单位时间排放量。监测方法：自动监测。

（4）粉尘监测包括粉尘浓度、粉尘中游离二氧化硅含量及粉尘分散度。

（5）噪声监测包括噪声的强度（即声场中的声压）、噪声的特征（即声压的各种频率组成成分）。

（6）水文监测是通过水位传感器进行检测的一种方法。监测方法：自动或人工。

4. 生态系统的监测

生态系统的监测主要是土地复垦监测，包括对复垦区土地损毁情况、稳定状态、土壤质量、复垦质量等进行动态监测。土壤质量监测方法以《土地复垦技术标准（试行）》为准，监测频率为至少每年一次。

（二）监测方式

监测方式包含人工或自动两种。

（三）监测点/检测点

根据有关规定，布置监测点位置。

（四）监测启用时间/检测频率时间

根据有关标准要求，确定监测/检测频率。

三、法律法规、标准

法律法规、标准如下：

（1）《一般工业固体废物贮存和填埋污染控制标准》（GB 18599）。

（2）《土地复垦技术标准（试行）》。

（3）《土壤环境监测技术规范》（HJ/T 166—2004）。

四、管理要求

管理要求如下：

（1）监测工作应系统全面，监测方案应分类。

（2）矿区内应设置对噪声、大气污染物的自动监测及电子显示设备。

（3）加强对环境因素的监测、监控，并实施监督管理，建立环境因素风险防范体系，提高对突发性环境污染事件的防范和处理能力。

（4）环境监测内容包括：

1）排污单位应按照最新的监测方案开展监测活动，可根据自身条件和能力，利用自有人员、场所和设备自行监测；也可委托其他有资质的检（监）测机构代其开展自行监测。

2）排污单位应查清所有污染源，确定主要污染源及主要监测指标，制定监测方案。监测方案内容包括单位基本情况、监测点位及示意图、监测分析方法和仪器、质量保证与质量控制等。

3）新建排污单位应当在投放生产或使用并产生实际排污行为之前完成自行监测方案的编制及相关准备工作。

4）按照环评要求及《排污单位自行监测技术指南》规定开展自行监测，并保存原始监测记录，原始记录保存期不得少于 3 年。

5）土壤污染重点监管单位应当按照在产企业土壤和地下水自行监测规范，对其用地土壤、地下水环境每年至少开展 1 次土壤环境监测，2 次地下水环境监测（丰水期和枯水期各 1 次），监测因子应当包含主要常规因子和全部特征污染因子，编制自行监测年度报告。

6）涉气、涉水的重点排污单位应安装污染物排放自动监测设备，与生态环境部门的监控平台联网，并保证监测设备正常运行。

五、其他要求

其他要求有：

（1）有关监测点的安装位置、数量、效果应是表 4-13 的重点；

（2）根据环评报告确定监测点布置与实际情况是否相符。

六、对应标准

表 4-14 为环境监测的对应标准。

表 4-14　环境监测的对应标准

内　容	行业标准条款	评价指标条款
环境监测	《绿色矿山建设规范》6.3.2	《绿色矿山评价指标》28，30 ~ 32，78

七、企业相关部门

依据企业实际设置的职能部门，如安环部、地测部等。

第五章 科技创新

科技创新从技术上保障了绿色矿山建设过程成本的降低和效率的提高，是绿色矿山建设的重要动力。本章包含了科技奖项、专利、资质、荣誉、标准、论文等内容。

第一节 科技奖项

表5-1为科技奖项清单示例。

表5-1 科技奖项清单示例

序号	奖励等级	获奖项目	奖励类型	授奖单位	授奖时间	完成单位	负责部门
1	国家科技奖	厚松散层特厚煤层快速建井与综放开采保障技术研究	科技进步奖	国家能源局	2011年	内蒙古蒙泰×××煤业有限责任公司	科技部
2	省部级政府奖	厚松散层特厚煤层快速建井与综放开采保障技术研究	科技进步奖	内蒙古自治区	2013年	内蒙古蒙泰×××煤业有限责任公司	科技部
3	省部级政府奖	西部特厚煤层采场结构安全高效控制技术	科技进步奖	中国煤炭工业科学技术奖	2017年	中国矿业大学	科技部
4	省部级政府奖	巨厚煤层开采顶底板水害防治技术研究	科技进步奖	中国煤炭工业协会科学技术奖	2016年	内蒙古蒙泰×××煤业有限责任公司	科技部
5	社会力量奖	充填开采关键研究及应用	科技进步奖	绿色矿山科学技术奖	2019年	内蒙古蒙泰×××煤业有限责任公司	科技部

一、表格的意义

企业获得的各项奖励清单是企业在科技创新方面获得国家和社会认可的重要途径。

二、填报说明

（一）奖励等级

1. 国家级奖励

国家自然科学奖、国家技术发明奖、国家科学技术进步奖由国务院颁发证书和奖金。中华人民共和国国际科学技术合作奖由国务院颁发证书。

2. 省部级奖励

省部级奖励是指中华人民共和国各省、自治区、直辖市党委或人民政府直接授予的科学技术奖、发明奖、自然科学奖等奖励，或教育部、文化部、公安部、国家国防科技工业局等国家部委和中国人民解放军直接授予的奖励。

3. 社会科技奖励

国家奖励办公布的《社会科技奖励目录》中的奖励，在国家奖励办公室网站上可查询。

（二）奖励类型

奖励类型包含科技进步奖、自然科学奖、发明奖、重大工程奖等。

（三）授奖单位

授奖单位是指国家批准的设奖单位。

三、管理要求

所有的奖项均是在国家奖励办备案的或者国家奖励办认可的奖项。

四、对应标准

表5-2为科技奖项的对应标准。

表5-2　科技奖项的对应标准

内　容	行业标准条款	评价指标条款
科技奖项	《绿色矿山建设规范》9.1，9.2	《绿色矿山评价指标》67

五、企业相关部门

依据企业实际设置的职能部门，如科技部等。

第二节 知识产权

表5-3为知识产权清单示例。

表5-3 知识产权清单示例

序号	类型	知识产权名称	证件号	授权时间	完成单位	负责部门
1	实用新型专利	矿用排水装置	ZL 2019 1010674.4	2019年	内蒙古蒙泰×××煤业有限责任公司	科技部
2	实用新型专利	一种煤矿支护用便于组装的支护网	ZL 2016 2 0920581.9	2019年	内蒙古蒙泰×××煤业有限责任公司	科技部
3	实用新型专利	一种防止采煤机司机误割伤电缆的报警装置	ZL 2019 2 1086919.1	2019年	内蒙古蒙泰×××煤业有限责任公司	科技部
4	实用新型专利	放顶煤液压支架尾梁、插板联动液压控制系统	ZL 2019 2 0977645.9	2019年	内蒙古蒙泰×××煤业有限责任公司	科技部
5	发明专利	一种围岩引流导水装置	ZL 2013 2 0454070.5	2013年	内蒙古蒙泰×××煤业有限责任公司	科技部
6	发明专利	一种底板锚固钻机	ZL 2013 2 0454352.5	2013年	内蒙古蒙泰×××煤业有限责任公司	科技部
7	发明专利	一种让压保护装置	ZL 2009 2 0037149.1	2009年	内蒙古蒙泰×××煤业有限责任公司	科技部
8	发明专利	一种超静定等强支护锚索锁紧机构及方法	ZL 2009 1 0025142.2	2009年	内蒙古蒙泰×××煤业有限责任公司	科技部
9	发明专利	充填开采多信息动态监测方法	ZL 2009 1 0029614.1	2009年	内蒙古蒙泰×××煤业有限责任公司	科技部

一、表格的意义

企业获得的专利清单是体现企业科技创新的能力。

专利一般是由政府机关或者代表若干国家的区域性组织根据申请而颁发的一

种文件，这种文件记载了发明创造的内容，并且在一定时期内产生这样一种法律状态，即获得专利的发明创造在一般情况下他人只有经专利权人许可才能予以实施。在我国，专利分为发明专利、实用新型和外观设计三种类型。

二、填报说明

（一）类型

1. 发明专利

发明专利是指对产品、方法或者其改进所提出的新的技术方案，主要强调的是技术。

2. 实用新型

实用新型是指对产品的形状、构造或者其结合所提出的适于实用的新的技术方案，强调专利的构造。

3. 外观设计

外观设计是指对产品的形状、图案或其结合以及色彩与形状、图案的结合所作出的富有美感并适于工业应用的新设计。

（二）专利号

专利号是指专利的唯一编号。

（三）完成单位

完成单位是指专利的完成单位，具体格式：单位名称（n），n代表第 n 个完成单位。

三、管理要求

所有专利均可以在国家专利管理部门网站上查询。

四、对应标准

表5-4为知识产权的对应标准。

表5-4　知识产权的对应标准

内容	行业标准条款	评价指标条款
知识产权	《绿色矿山建设规范》9.1，9.2	《绿色矿山评价指标》70

五、企业相关部门

依据企业实际设置的职能部门，如科技部等。

第三节　资质、荣誉

表5-5为资质、荣誉清单示例。

表5-5　资质、荣誉清单示例

序号	类型	名称	授予单位	授予时间	负责部门
1	荣誉	×××煤矿矿长获集团公司先进个人称号	×××煤业集团	2011年1月	综合办公室
2	荣誉	总经理、煤矿机运队队长、综采队副队长获得×××煤业先进个人称号	×××煤业集团	2011年1月	综合办公室
3	荣誉	×××煤业颁发先进集体	×××煤业集团	2009年1月	综合办公室
4	荣誉	集团公司颁发"基建"先进单位	×××煤业集团	2009年2月	综合办公室
5	荣誉	准旗政府颁发"心系农村服务百姓"先进集体	准旗政府	2010年3月	综合办公室
6	荣誉	中国环境报颁发全国节能减排示范单位	中国环境报	2010年8月	综合办公室

一、表格的意义

资质、荣誉体现了企业的实力，包含高新技术证书、企业平台、各种荣誉。

二、填报说明

（一）类型

1. 高新技术证书

高新技术企业是指在《国家重点支持的高新技术领域》内，持续进行研究开发与技术成果转化，形成企业核心自主知识产权，并以此为基础开展经营活动，在中国境内（不包括中国香港、中国澳门和中国台湾地区）注册一年以上的居民企业。

2. 企业平台

企业平台包括工程技术研究中心、企业技术中心、重点实验室、院士专家工作站、创新工作室等，企业平台及其主管单位见表5-6。

表5-6 企业平台及其主管单位

企业平台名称	主管单位
工程技术研究中心	科技部
企业技术中心	国家发展改革委
重点实验室	科技部
院士专家工作站	中国科协
创新工作室	工会

3. 各种荣誉

各种荣誉包括先进集体、劳动模范、先进单位、示范单位等。

（二）授予单位

资质、荣誉授予单位。

（三）授予时间

授予时间是指证书或牌匾上的时间。

三、管理要求

所有证书、名誉均为合法单位，不属于非法的评比、达标、表彰活动。

四、对应标准

表5-7为资质、荣誉的对应标准。

表5-7 资质、荣誉的对应标准

内 容	行业标准条款	评价指标条款
荣誉、资质（高新技术企业）	《绿色矿山建设规范》9.1，9.2	《绿色矿山评价指标》69

五、企业相关部门

依据企业实际设置的职能部门，如科技部等。

第四节　论文与著作

表5-8为论文与著作清单示例。

表 5-8　论文与著作清单示例

序号	类型	名称	完成单位	发表时间	负责部门
1	论文	"双四同时"施工工艺在×××矿井快速建井中的应用	×××公司		科技部
2	论文	一种煤矿支护用便于组装的支护网	×××公司		科技部
3	论文	薄基岩含泥岩夹层顶板9.5m宽切眼支护技术研究	×××公司、矿大		科技部
4	论文	采用超前导管注浆法过风积沙层的斜井井筒施工方法	×××公司		科技部

一、表格的意义

论文与著作体现企业产学研的创新能力。

二、填报说明

(一) 类型

1. 论文

论文是在各种期刊上发表的文章，重点是发表在核心期刊上的文章。

2. 著作

著作是指矿山企业技术人员的编著或著作。

(二) 完成单位

完成单位是指论文、编著或著作的完成单位。具体格式：单位名称 (n)，n 代表第 n 个完成单位。

三、对应标准

表 5-9 为论文与著作的对应标准。

表 5-9　论文与著作的对应标准

内容	行业标准条款	评价指标条款
论文与编著	《绿色矿山建设规范》9.1，9.2	《绿色矿山评价指标》70

四、企业相关部门

依据企业实际设置的职能部门，如科技部等。

第五节 标 准

表 5-10 为标准清单示例。

表 5-10 标准清单示例

序号	类型	标准名称	发布单位	完成单位	完成时间	负责部门
1		内蒙古蒙泰×××煤业有限责任公司生态环境标准化考核管理办法及查评细则	内蒙古蒙泰×××煤业有限责任公司	内蒙古蒙泰×××煤业有限责任公司	2021 年 1 月	科技部

一、表格的意义

标准是为在一定的范围内获得最佳秩序，对活动或其结果规定共同的和重复使用的规则、导则或特性的文件。企业建立标准的最终目的是为企业获得最佳秩序和最佳社会经济效益。

二、填报说明

（一）类型

1. 国家标准

中华人民共和国国家标准，是包括语编码系统的国家标准码，由国家标准化管理委员会发布。

2. 行业标准

行业标准是对没有国家标准而又需要在全国某个行业范围内统一的技术要求所制定的标准。行业标准不得与有关国家标准相抵触，有关行业标准之间应保持协调、统一，不得重复。行业标准在相应的国家标准实施后，即行废止。

3. 地方标准

地方标准是由地方（省、自治区、直辖市）标准化主管机构或专业主管部门批准、发布，在某一地区范围内统一的标准。

4. 团体标准

由团体按照团体确立的标准制定程序自主制定发布，由社会自愿采用的标准。团体（association）是指具有法人资格，且具备相应专业技术能力、标准化工作能力和组织管理能力的学会、协会、商会、联合会和产业技术联盟等社会团体。

5. 企业标准

企业标准是在企业范围内需要协调、统一的技术要求、管理要求和工作要求所制定的标准，是企业组织生产、经营活动的依据。国家鼓励企业自行制定严于国家标准或者行业标准的企业标准。企业标准由企业制定，由企业法人代表或法人代表授权的主管领导批准、发布。企业标准一般以"Q"标准的开头。

（二）发布单位

标准的发布单位。

（三）完成单位

标准的完成单位。具体格式：单位名称（n），n 代表第 n 个完成单位。

三、对应标准

表 5-11 为标准的对应标准。

表 5-11　标准的对应标准

内容	行业标准条款	评价指标条款
标准	《绿色矿山建设规范》9.1，9.2	《绿色矿山评价指标》70

四、企业相关部门

依据企业实际设置的职能部门，如科技部等。

第六章 规范管理

规范化管理体现了企业的管理水平，从制度上保障了资源开发与生态保护相协调，保证了绿色矿山建设持续改进。本章主要包含需定置化管理的场所、绿色矿山培训、宣传、文体活动等。

第一节 需定置化管理的场所

表6-1为需定置化管理的场所清单示例。

表6-1 需定置化管理的场所清单示例

序号	需定置化管理的场所名称	位置	投入时间	运行状态	负责部门
1	供应站	煤矿厂入口区南侧	2017 年	正常	据实填写
2	周转物资库	煤矿厂区主道	2017 年	正常	据实填写
3	危险废物库	供应站内	2019 年	正常	据实填写
4	中低产农田改造项目（煤矸石处置）	主斜井工业场地北侧	2019 年	正常	据实填写

一、表格的意义

定置化管理是对物的特定的管理，是其他各项专业管理在生产现场的综合运用和补充，是企业在生产活动中，研究人、物、场所三者关系的一门科学。定置化管理通过整理，把生产过程中不需要的东西清除掉，不断改善生产现场条件，科学地利用场所，向空间要效益；通过整顿，促进人与物的有效结合，使生产中需要的东西随手可得，向时间要效益，从而实现生产现场管理的规范化与科学化。

定置化管理包括空间的定置和时间的定置。空间的定置是实现生产现场管理规范化与科学化的重要手段，通过整理，把生产过程中不需要的东西清除掉，不断改善生产现场条件，科学地利用场所，实现向空间要效益；时间的定置是通过整顿，促进人与物的有效结合，使生产中需要的东西随手可得，实现向时间要效益。

定置化管理是对人的行为的规范化管理，编写定置化管理清单对于提高工作效率和安全管理水平具有重要意义。

二、填报说明

(一) 需定置化管理的场所名称

需要定置化管理的场所有硐口、供应站（库房）、维修车间、停车场、自行车棚、料场、办公室、井下工作面、周转物资库、危险废物库、澡堂、食堂等。

(二) 位置

按定置化管理的主要功能区填报。

三、定置化管理的实施

1. 清除与生产无关之物

生产现场中凡与生产无关的物品都要清除干净。清除与生产无关的物品应本着"双增双节"精神，能转变利用的便转变利用，不能转变利用时可以变卖，化为资金。

2. 按定置图实施定置

各车间、部门都应按照定置图的要求，将生产现场、器具等物品进行分类、搬、转、调整并予定位。定置的物品要与图相符，位置要正确，摆放要整齐，贮存要有器具。可移动物，如推车、电动车等也要定置到适当位置。

3. 放置标准信息名牌

放置标准信息名牌要做到牌、物、图相符，设专人管理，不得随意挪动。要以醒目和不妨碍生产操作为原则。总之，定置实施必须做到：有图必有物，有物必有区，有区必挂牌，有牌必分类；按图定置，按类存放，账（图）物一致。

四、管理要求

管理要求如下：

(1) 矿山企业应制定定置化管理制度，并定期对涉及工作场所进行检查、考核。

(2) 生产区的设备物资材料应做到摆放有序、堆放整齐，使用后在指定的区域存放。

（3）施工现场的材料和工具摆放应符合安全防火的要求。材料应按照品种、规格堆放，设置标牌，标明名称、规格和产地等标识。

（4）进入矿区内的车辆应停放在规定的位置区域。

五、对应标准

表 6-2 为定置化管理的场所的对应标准。

表 6-2 定置化管理的场所的对应标准

内　容	行业标准条款	评价指标条款
定置化管理的场所	《绿色矿山建设规范》5.1，5.2	《绿色矿山评价指标》5

六、企业相关部门

依据企业实际设置的职能部门，如办公室、生产部等。

第二节 认　证

表 6-3 为认证证书清单示例。

表 6-3 认证证书清单示例

序号	证书名称	发证机构	有效期	完成时间	负责部门
1	质量管理体系认证	中质协质量保证中心	2023 年 9 月 10 日	2020 年 9 月 11 日	据实填写
2	环境管理体系认证	方圆标志认证集团有限公司	2023 年 11 月 5 日	2020 年 11 月 6 日	据实填写
3	能源管理体系认证	北京埃尔维质量认证中心	2023 年 11 月 8 日	2020 年 11 月 9 日	据实填写
4	职业健康安全管理体系认证	中质协质量保证中心	2023 年 11 月 3 日	2020 年 11 月 4 日	据实填写
5	高新技术企业	无			据实填写

一、表格的意义

认证证书重点体现矿山企业管理的规范性。通过的认证越多，相对来说管理越规范。

二、填报说明

(一) 证书名称

认证证书是指产品、服务和管理体系通过认证所获得的证明性文件。认证证书的范围包括产品认证证书、服务认证证书和管理体系认证证书等。

认证机构应按照认证基本规范、认证规则从事认证活动，对认证合格的，应在规定的时间内向认证申请人出具认证证书。企业常见的认证证书有质量管理体系认证证书、环境管理体系认证证书、能源管理体系认证证书、绿色矿山建设水平等级认证、企业信用等级认证、智能矿山建设等级认证等。

(二) 发证机构

发证机构即认证机构。

(三) 有效期

有效期是指证书的有效期，即下一次需要重新认证的截止时间。

(四) 完成时间

本次认证的完成时间，或证书发放时间。

三、管理要求

所有认证证书应能在国家认监委网站上查询出来，或者在有关部委网站上能查询到有关信息。

四、对应标准

表6-4为认证的对应标准。

表6-4 认证的对应标准

内容	行业标准条款	评价指标条款
质量管理体系认证	—	—
环境管理体系认证	《绿色矿山建设规范》6 "矿区生态环境保护" 条款	《绿色矿山评价指标》26
能源管理体系认证	《绿色矿山建设规范》8.2	《绿色矿山评价指标》50
职业健康安全管理体系认证	—	—
高新技术企业认定	《绿色矿山建设规范》9.1	《绿色矿山评价指标》69

五、企业相关部门

依据企业实际设置的职能部门，如科技部、办公室、机电部、安环部等。

第三节 绿色矿山培训

表6-5为绿色矿山培训清单示例。

表6-5 绿色矿山培训清单示例

序号	类型	时间	组织单位	主讲教授	参加人数	负责部门
1	外训	2020年7月	内蒙古地质环境及国土空间生态修复学会	行业专家	4人	据实填写
2	外训	2021年7月	中关村绿色矿山产业联盟（简称中绿盟）	中绿盟专家	30人	据实填写
3	外训	2021年7月	中国华电集团公司	系统内专家	2人	据实填写
4	内训	2021年8月	中绿盟、内蒙古蒙泰×××煤业有限责任公司	中绿盟专家	30人	据实填写

一、表格的意义

通过对绿色矿山专员和管理人员进行培训，对于推进绿色矿山的建设具有重要的意义。具有一定知识、素质的绿色矿山工作人员，才能真正推动绿色矿山建设。

二、填报说明

（一）类型

1. 外训

外训是由行业协会、培训机构、政府等有一定权威的单位组织的培训，一般矿山企业派专人参加。这种培训可以通过培训通知、培训证书来证明。

2. 内训

内训是由矿山企业邀请行业专家或本单位专家为全体（或部分）员工组织的针对性培训，通过培训使不同岗位的职工能够清楚自己如何在本岗位上开展绿色矿山建设。

（二）组织单位

外训填写培训的组织单位，内训填写矿山企业。

三、管理要求

对培训的管理应建立并保持一套程序，使处于每位有关职能与层次的人员都意识到：

（1）符合绿色矿山方针与程序和符合绿色矿山管理体系要求的重要性。

（2）他们在工作中实际的或潜在的重大影响，以及个人工作的改进所带来的绿色矿山效益。

（3）他们在执行绿色矿山方针与程序，实现绿色矿山管理体系要求，包括应急准备与响应要求方面的作用与职责。

（4）偏离规定运行程序的潜在后果。从事可能产生重大绿色矿山影响的工作人员应具备适当的教育、培训和（或）工作经验，以胜任他所担负的工作。

四、对应标准

表6-6为绿色矿山培训的对应标准。

表6-6　绿色矿山培训的对应标准

内容	行业标准条款	评价指标条款
绿色矿山培训	《绿色矿山建设规范》10.3	《绿色矿山评价指标》83

五、企业相关部门

依据企业实际设置的职能部门，如安环部等。

第四节　绿色矿山宣传

表6-7为绿色矿山宣传清单示例。

表6-7　绿色矿山宣传清单示例

序号	类型	名　称	媒体名称	时间	负责部门
1	媒体	共建绿色矿山—物资管理中心在行动	集团新闻	2020年7月28日	据实填写
2	报刊	专业培训　教学互长	矿业报	2020年7月24日	据实填写
3	报刊	共建绿色矿山—探放水队在行动	矿业报	2020年7月26日	据实填写
4	报刊	组织绿色矿山评价指标培训	矿业报	2020年8月2日	据实填写
5	报刊	共建绿色矿山——通风队在行动	矿业报	2020年8月11日	据实填写
6	报刊	机电队助力绿色矿山建设	矿业报	2020年8月13日	据实填写
7	报刊	×××绿色矿山建设再登准旗媒体热搜	矿业报	2021年6月	据实填写

一、表格的意义

大量宣传绿色矿山的企业一定会比较重视绿色矿山建设，并且不断取得一定的成绩。

二、填报说明

（一）类型

1. 宣传片

绿色矿山宣传片能让目标客户更加直观地对企业综合实力、绿色矿山建设方针、绿色矿山建设目标、绿色矿山建设实践及企业精神面貌有所了解，视听结合的方式比传统的静态画面更富有表现力及感染力，可以使客户用更加容易的方式对企业绿色矿山的建设情况有所了解。

2. 正面宣传报道

正面宣传报道是凝聚人心、凝聚民族力量、营造积极向上氛围的一种有效的形式，能够激发活力，倡导精神文明建设，弘扬良好思想道德风尚，提高全民族文明素质，增强竞争力，加强社会公德，为我们的下一代健康成长创造良好的社会环境。正面宣传报道主要体现在纸质报纸、电子媒体、网站、微媒体等。

3. 宣讲报告

宣讲报告是指由矿山企业邀请行业专家、绿色矿山典型企业家、本单位领导组织职工进行与绿色矿山建设有关的宣讲活动。

4. 竞赛

竞赛包含绿色矿山网络知识竞赛、现场答题、绩效竞赛等多种形式的竞赛活动，有助于提升广大职工对绿色矿山的理解和认识。

5. 宣传周

宣传周是指一个固定时期，全方位、多角度开展绿色矿山宣传活动。

6. 标语宣传

用简短文字写出的有宣传鼓动作用的口号。

7. 宣传栏

宣传栏属于 VI 应用中的一种，是组织或企业单位等进行自我宣传的有效手段，常被应用于街道、工厂、酒店等公共场所；一般采用不锈钢为框架，钢化玻璃或者耐力板为面板，铝合金为顶棚，面板可以打开更换宣传画面。

8. 宣传标语

宣传标语是在宣传时用简洁的语言表达一个意思，从而达到某种宣传目的，是用简短文字写出的有宣传鼓动作用的口号。

（二）名称

宣传内容的名称。

（三）媒体名称

在哪种媒体上宣传，比如集团网站、中绿盟公众号等。

三、管理要求

通过宣传向社会和职工灌输一种绿色发展、生态优先的理念，使生态文明建设成为一种理念、一种文化。

四、对应标准

表6-8为绿色矿山宣传的对应标准。

表6-8　绿色矿山宣传的对应标准

内容	行业标准条款	评价指标条款
绿色矿山宣传	《绿色矿山建设规范》10.2	《绿色矿山评价指标》87，94

五、企业相关部门

依据企业实际设置的职能部门，如安环部、宣传部、工会等。

第五节　娱乐活动设施

表6-9为娱乐活动设施清单示例。

表6-9　娱乐活动设施清单示例

序号	设施名称	投入时间	运行状态	负责部门
1	职工文体中心	2016年	在建中	据实填写
2	健身中心	2021年	正常运行	据实填写
3	乒羽中心	2016年	正常运行	据实填写
4	篮球场	2012年	正常运行	据实填写
5	足球场	2013年	正常运行	据实填写

一、表格的意义

矿山建设娱乐活动设施是矿山企业以人为本的一种体现。

二、填报说明

（一）设施名称

主要设施有健身中心、乒羽中心、篮球场、保龄球馆、扑克室等。

（二）运行状态

运行状态包含在建中、运行中、维修中等类型。

三、对应标准

表 6-10 为娱乐活动设施的对应标准。

表 6-10 娱乐活动设施的对应标准

内　容	行业标准条款	评价指标条款
娱乐活动设施	《绿色矿山建设规范》10.2	《绿色矿山评价指标》85，86

四、企业相关部门

依据企业实际设置的职能部门，如工会等。

第六节　管理制度

表 6-11 为管理制度清单示例。

表 6-11 管理制度清单示例

序号	制度名称	版本	制定时间	负责部门
1	生态环境保护管理办法（环保管理制度）	2019 年汇编	2019 年	据实填写
2	生态环境保护检查管理办法	2019 年汇编	2019 年	据实填写
3	生态环境保护奖惩管理办法	2019 年汇编	2019 年	据实填写
4	环境应急管理办法	2019 年汇编	2019 年	据实填写
5	无组织排放和噪声管理办法	2019 年汇编	2019 年	据实填写
6	建设项目环境保护和水土保持"三同时"管理办法	2019 年汇编	2019 年	据实填写
7	生态环境保护标准化考核管理办法及查评细则	2019 年汇编	2019 年	据实填写
8	产品质量管理制度	2019 年汇编	2019 年	据实填写
9	固体废弃物管理制度	2019 年汇编	2019 年	据实填写
10	环境监测管理制度	2019 年汇编	2019 年	据实填写

序号	制度名称	版本	制定时间	负责部门
11	环境监测与信息公开管理办法	2019年汇编	2019年	据实填写
12	公司环保责任区域划分细则	2019年汇编	2019年	据实填写
13	公司垃圾分类管理办法	2019年汇编	2019年	据实填写
14	绩效考核管理制度	2019年汇编	2019年	据实填写
15	浴池规章制度	2019年汇编	2019年	据实填写
16	薪酬管理制度	2019年汇编	2019年	据实填写
17	矿区环境卫生管理制度	2019年汇编	2019年	据实填写
18	科技管理制度	2019年汇编	2019年	据实填写
19	科技创新工作管理办法	2019年汇编	2019年	据实填写
20	矿区绿化养护管理制度	2019年汇编	2019年	据实填写
21	矿山"三率"管理办法	2019年汇编	2019年	据实填写
22	职业病危害预防管理制度	2019年汇编	2019年	据实填写
23	绿化管理制度	2019年汇编	2019年	据实填写
24	培训制度	2019年汇编	2019年	据实填写
25	生产管理制度	2019年汇编	2019年	据实填写
26	生产区标牌管理制度	2019年汇编	2019年	据实填写
27	宿舍管理制度	2019年汇编	2019年	据实填写
28	食堂管理办法	2019年汇编	2019年	据实填写
29	资源储量动态管理制度	2019年汇编	2019年	据实填写
30	绿色矿山建设管理制度	2019年汇编	2019年	据实填写
31	定置化管理制度	2019年汇编	2019年	据实填写
32	目视化管理制度	2019年汇编	2019年	据实填写

一、表格的意义

管理制度清单是矿山所有制度的列表，制度的详细程度体现管理的精细化程度，所有的制度一定要有执行记录。

二、填报说明

（一）制度名称

矿山企业制定的各种管理制度，主要有固体废弃物管理制度、环境监测管理制度、矿区环境卫生管理制度、生产管理制度、绿化管理制度、生产区标牌管理制度、宿舍管理制度、食堂管理制度、浴池规章制度、资源储量动态管理制度、矿山"三率"管理办法、绿色矿山建设管理制度、定置化管理制度、目视化管理制度、培训制度、科技管理制度等。

（二）版本

版本是指矿山企业制定管理制度的版本号。

（三）时间

制度发布的时间。

三、管理要求

制度是绿色矿山建设的依据，绿色矿山的管理依据应深入有关管理制度之中。

四、对应标准

表6-12 为管理制度的对应标准。

表6-12 管理制度的对应标准

内　容	行业标准条款	评价指标条款
各类管理制度	《绿色矿山建设规范》10.1, 10.3	《绿色矿山评价指标》7, 15, 65, 80, 83, 88, 89, 91~93

五、企业相关部门

依据企业实际设置的职能部门，如办公室、安环部、生产部、机电部、后勤部、调度中心、信息中心、工会、宣传部等。

六、其他说明

企业管理制度清单见附录32。

第七节　运行台账/记录台账

表6-13 为运行台账/记录台账清单示例。

表6-13 运行台账/记录台账清单示例

序号	运行台账/记录台账（文件名称）	管理制度	是否设立	记录起始时间
1	供电系统运维记录表		是	据实填写

序号	运行台账/记录台账（文件名称）	管理制度	是否设立	记录起始时间
2	员工宿舍、食堂、澡堂和厕所等生活配套设施清洁消毒记录/台账		是	据实填写
3	一般工业固体废弃物管理台账		是	据实填写
4	生活垃圾清运登记单		是	据实填写
5	矿区道路维护保养记录表		是	据实填写
6	矿区环境清扫、清洁记录表		是	据实填写
7	矿区绿化保养记录表		是	据实填写
8	充填作业台账		是	据实填写
9	选矿生产报表、选矿药剂使用记录表		是	据实填写
10	环境保护设施运行（洒水车、喷淋系统等）记录表		是	据实填写
11	环境监测记录表		是	据实填写
12	环境监测设备运行维护记录表		是	据实填写
13	突发环境事件应急演练记录表		是	据实填写
14	地质灾害监测记录表		是	据实填写
15	边坡位移监测台账、矿山地质环境人工监测记录表		是	据实填写
16	复垦区人工巡检记录表		是	据实填写
17	危险废物内部记录表		是	据实填写
18	表土处置与利用生产报表/销售台账记录表		是	据实填写
19	采区循环水利用记录表		是	据实填写
20	选矿循环水利用记录表		是	据实填写
21	生产废水报表		是	据实填写
22	生活污水处理站运行记录/污水处理记录表		是	据实填写
23	生产报表（调度报表）、销售台账记录表		是	据实填写
24	能耗管理台账		是	据实填写
25	地面运输降尘设施运维记录表		是	据实填写
26	矿区厂界噪声点清单/检测（内部）记录表		是	据实填写
27	先进技术和装备明细台账		是	据实填写
28	资源储量系统运行记录表		是	据实填写
29	娱乐设施运行维护记录表		是	据实填写
30	绿色矿山宣传活动记录表		是	据实填写
31	标识标牌安装台账记录表		是	据实填写
32	企业管理制度清单		是	据实填写

一、表格的意义

运行台账/记录台账体现了所有制度的执行和落实情况，运行台账/记录台账应与制度进行对应。

二、填报说明

（一）运行台账/记录台账

矿山企业制定的运行台账/记录台账。

（二）运行状态

运行状态是指运行台账/记录台账处于何种状态，即正在制定、正在运行、已作废。

三、对应标准

表6-14 为运行台账/记录台账的对应标准。

表6-14 运行台账/记录台账的对应标准

内　容	行业标准条款	评价指标条款
供电系统运维记录表	《绿色矿山建设规范》10.3	《绿色矿山评价指标》2
员工宿舍、食堂、澡堂和厕所等生活配套设施清洁消毒记录/台账	《绿色矿山建设规范》10.3	《绿色矿山评价指标》3
一般工业固体废弃物管理台账	《绿色矿山建设规范》10.3	《绿色矿山评价指标》6，7，60
生活垃圾清运登记单	《绿色矿山建设规范》10.3	《绿色矿山评价指标》8
矿区道路维护保养记录表	《绿色矿山建设规范》10.3	《绿色矿山评价指标》9
矿区环境清扫、清洁记录表	《绿色矿山建设规范》10.3	《绿色矿山评价指标》10，11
矿区绿化保养记录表	《绿色矿山建设规范》10.3	《绿色矿山评价指标》15
充填作业台账	《绿色矿山建设规范》10.3	《绿色矿山评价指标》18
选矿生产报表、选矿药剂使用记录表	《绿色矿山建设规范》10.3	《绿色矿山评价指标》20
环境保护设施运行（洒水车、喷淋系统等）记录表	《绿色矿山建设规范》10.3	《绿色矿山评价指标》25
环境监测记录表	《绿色矿山建设规范》10.3	《绿色矿山评价指标》27
环境监测设备运行维护记录表	《绿色矿山建设规范》10.3	《绿色矿山评价指标》28
突发环境事件应急演练记录表	《绿色矿山建设规范》10.3	《绿色矿山评价指标》29
地质灾害监测记录表	《绿色矿山建设规范》10.3	《绿色矿山评价指标》30

续表6-14

内　容	行业标准条款	评价指标条款
边坡位移监测台账、矿山地质环境人工监测记录表	《绿色矿山建设规范》10.3	《绿色矿山评价指标》30，31
复垦区人工巡检记录表	《绿色矿山建设规范》10.3	《绿色矿山评价指标》32
危险废物内部记录表	《绿色矿山建设规范》10.3	《绿色矿山评价指标》6，7，60
表土处置与利用生产报表/销售台账记录表	《绿色矿山建设规范》10.3	《绿色矿山评价指标》38，44
采区循环水利用记录表	《绿色矿山建设规范》10.3	《绿色矿山评价指标》40，45
选矿循环水利用记录表	《绿色矿山建设规范》10.3	《绿色矿山评价指标》41，45
生产废水报表	《绿色矿山建设规范》10.3	《绿色矿山评价指标》41，45
生活污水处理站运行记录/污水处理记录表	《绿色矿山建设规范》10.3	《绿色矿山评价指标》42，46
生产报表（调度报表）、销售台账记录表	《绿色矿山建设规范》10.3	—
能耗管理台账	—	—
地面运输降尘设施运维记录表	《绿色矿山建设规范》10.3	—
矿区厂界噪声点清单/检测（内部）记录表	《绿色矿山建设规范》10.3	《绿色矿山评价指标》61~63
先进技术和装备明细台账	《绿色矿山建设规范》10.3	《绿色矿山评价指标》71
资源储量系统运行记录表	《绿色矿山建设规范》10.3	《绿色矿山评价指标》76
娱乐设施运行维护记录表	《绿色矿山建设规范》10.3	《绿色矿山评价指标》85
绿色矿山宣传活动记录表	《绿色矿山建设规范》10.3	《绿色矿山评价指标》94
标识标牌安装台账记录表	《绿色矿山建设规范》10.3	《绿色矿山评价指标》4
企业管理制度清单	《绿色矿山建设规范》10.3	《绿色矿山评价指标》5，7，27，65，89，91，92

注：矿山实际工作中需要的台账不限于本表所列的台账。

四、企业相关部门

依据企业实际设置的职能部门，如办公室、安环部、生产部、机电部、后勤部、调度中心、信息中心、工会、宣传部等。

五、其他说明

标识标牌安装台账记录表见附录31。

第七章　环保督察

环保督察推动了绿色矿山从严从实建设，是绿色矿山建设的重要抓手和工具。

第一节　环保督察的概况

中央环境保护督察是党的十八大以来，生态文明建设推出的改革举措。环保督察依据中共中央办公厅、国务院办公厅印发的《中央生态环境保护督察工作规定》。

一、环保督察的意义

环保督察的意义如下：

（1）环保督察不仅推动地方解决了一批突出的生态环境问题，也在促进地方树立新发展理念、推动高质量发展方面发挥了重要作用。

（2）地方各级党委政府的生态环境保护责任意识明显增强，不重视生态环境保护的情况明显减少。

（3）环保督察可以有效倒逼产业结构调整和产业布局优化。如新疆就明确"高污染、高能耗、高排放"的"三高"项目不能进新疆；内蒙古实施"以水定产"规定，使一些高耗水产业得到有效遏制。

（4）环保督察可以有效解决"劣币驱逐良币"的问题。通过对污染重、能耗高、排放多、技术水平低的"散乱污"企业整治，有效规范市场秩序，创造公平的市场环境，使合法合规企业的生产效益逐步提升。此外，督察还可以有效推动一批绿色产业加快发展。

二、环保督察清单

（一）环保检查的主要内容

企业的环保档案、排污许可制度执行情况，企业生产车间的生产状态，主要生产设备、生产工艺及车间管理情况，废水、废气、噪声等污染物的排放情况，污染防治设施运行情况，排放口、采样平台的设置情况，雨污分流、事故应急池的建设情况和应急预案落实情况，固体废弃物、危险废物贮存及处置情况，重点排污单位的信息公开情况。

（二）环保督察的主要工作内容

环保督察的主要工作内容有：

（1）生产配件的同时又出来粉末的辅料、相关的燃煤锅炉等设备要查封；

（2）发现有噪声、气味浓的产品也要整顿；

（3）没有营业执照、不规范运营的厂家需要重新整顿；

（4）查找存在的消防安全隐患；

（5）查看是否存在伪劣及假冒仿牌；

（6）私设暗管排污等偷排废水行为；

（7）排放油漆味等刺鼻气体；

（8）低频噪声或噪声过大；

（9）粉尘污染；

（10）环评未公示；

（11）无环保审批手续；

（12）电机组存在运行安全隐患；

（13）违法建设；

（14）煤渣到处飘散；

（15）纸渣挖坑填埋存在问题；

（16）无废水回收系统；

（17）未办理取水许可；

（18）没有亮照经营；

（19）无防渗漏措施的水塘存贮其他废弃物；

（20）治污设施简陋老旧问题；

（21）烟尘排放浓度超标；

（22）厂区堆积垃圾未及时处理；

（23）未办理环境影响评价文件报批手续；

（24）污染治理设施未经环保部门验收；

（25）排污许可证过期或无排污许可证；

（26）非法生产；

（27）过滤池 COD 超标。

第二节　企业环保的基本要求

一、企业环保负责人应该掌握的情况

企业应安排专人负责环保工作，环保负责人应熟悉企业主要产品及原辅材料，生产工艺和流程，生产过程中污染物产生的环节，污染物的类型、浓度、产污量、排放去向等，生产设备的维护和运行情况，配套污染防治设施的运行原理和运行状况、事故发生、应急管理、生产变动情况等，规范整理各类环保档案。

二、环保的合规性

（一）环保的合规性

环保的合规性是指是否符合国家产业政策和地方行业准入条件，是否符合淘汰落后产能的相关要求。

（二）建设项目环境影响评价管理

企业新建、改建、扩建项目应执行建设项目环境影响评价管理制度，履行相关审批手续，并严格落实环评文件及批复要求中的污染防治措施。

（三）企业建设项目是否依法履行环评手续及"三同时"

企业应执行建设项目环境保护"三同时"管理制度，确保建设项目配套的污染防治设施及风险防范措施与主体工程同时设计、同时施工、同时投产使用。现有排污企业应按照生态环境部门规定申请并取得《排污许可证》或完成排污登记；新建排污企业应在启动生产设施或者在实际排污之前取得《排污许可证》，或进行排污登记备案。建设项目在正式投入生产前，建设单位应自主完成环境保护设施竣工验收等相关程序。

（四）是否缴纳环境保护税

企业应按照《中华人民共和国环境保护税法实施条例》的规定，及时、足额缴纳环境保护税，并明确责任部门和人员。企业应当知晓缴纳环境保护税不免除其防治污染、赔偿污染损害的责任和法律、行政法规规定的其他责任。

（五）《排污许可证》的办理

是否依法办理《排污许可证》，并依照许可内容排污；环保验收手续是否齐全。

（六）环境影响评价

环境影响评价文件及环评批复是否齐全。

（七）企业现场情况

企业现场情况是否与环评文件内容保持一致。

（八）重点项目审核

重点核对项目的性质、生产规模、地点、采用的生产工艺、污染治理设施等是否与环评及批复文件一致。

（九）其他

环评批复 5 年后项目才开工建设的，是否重新报批环评。

三、环保验收手续

（一）建设项目竣工环境保护验收

建设项目竣工环境保护验收主要是对环评文件及批复中提出的污染防治设施落实情况进行验收。因此对于部分建设项目（如生态影响类建设项目），如在环评文件及批复中未要求建设固体废物污染防治设施（不含施工期临时设施），则不需要开展固体废物污染防治设施的竣工环境保护验收。建设单位在自主验收的验收报告中予以相应的说明即可。

（二）水、气污染物环境保护设施验收

建设项目水、大气污染物环境保护设施由建设单位自行组织验收。

（三）噪声污染防治设施验收

建设项目在投入生产或者使用之前，其环境噪声污染防治设施必须按照国家规定的标准和程序进行验收；达不到国家规定要求的，该建设项目不得投入生产或者使用。依据《中华人民共和国环境噪声污染防治法》（2018 修正）第四十八条：违反本法第十四条的规定，建设项目中需要配套建设的环境噪声污染防治设施没有建成或者没有达到国家规定的要求，擅自投入生产或者使用的，由县级以上生态环境主管部门责令限期改正，并对单位和个人处以罚款；造成重大环境污染或者生态破坏的，责令停止生产或者使用，或者报经有批准权的人民政府批准，责令关闭。

（四）固废污染防治设施验收

2020 年 4 月 29 日，《中华人民共和国固体废物污染环境防治法》第二次修订（自 2020 年 9 月 1 日起施行）通过审议，建设项目需要配套固体废物污染防治设施的，项目竣工后均需由建设单位自主开展环境保护验收，不再需要向环境保护行政主管部门申请验收。

四、企业档案资料内容

企业档案资料的内容包括：

（1）企业基本情况介绍；

（2）所有建设项目清单，各项目环评报告书（表）及审批意见、登记表备案文书，项目竣工验收意见与结论等文件资料；

（3）《排污许可证》副本，月报、季报、年报告等；

（4）突发环境事件应急预案、备案意见及演练记录；

（5）重污染天气应急预案及相关资料；

（6）危险废物年度管理计划、转移计划、处置协议及危险废物转移联单；

（7）年度自行监测计划及监测报告；

（8）各类自行监测计划及监测报告；

（9）生态环境部门历次现场监察记录及违法行为查处的相关文书。

五、环保记录台账

根据生产特点和污染物排放特点，按照排污口或者无组织排放源进行记录，台账记录保存期限不少于三年。

（1）主要生产设施、污染防治设施运行情况及发生异常情况的原因分析和采取的措施；

（2）污染物实际浓度、排放量、监测记录，超标原因和采取的措施；

（3）产生 VOCs 的应建立台账，记录原料、辅料的使用量、废弃量、去向以及挥发性有机含量；

（4）危险废物产生、贮存、转移与处置情况等。

第三节 废　气

企业应建立废气防治管理制度，明确废气防治管理的部门与责任人。明确废气排放指标，建立废气收集、输送、处理设施管理台账，对各类废气排放源分别采取措施进行治理。定期监测废气排放情况，对照相关排放标准做合规性评价，确保废气稳定达标排放。

一、废气检查

废气检查的项目有：

（1）检查企业连续产生有机废气处理工艺是否合理。

（2）检查锅炉燃烧设备的审验手续及性能指标、检查燃烧设备的运行状况、检查二氧化硫的控制、检查氮氧化物的控制。

（3）检查工业废气、粉尘和恶臭污染源。

（4）检查废气、粉尘和恶臭排放是否符合相关污染物排放标准的要求。

（5）检查可燃性气体的回收利用情况。

（6）检查可散发有毒、有害气体和粉尘的运输、装卸、贮存的环保防护措施。

二、大气污染防治设施

大气污染防治设施包括：

（1）除尘、脱硫、脱硝、其他气态污染物净化系统。

（2）废气排放口。

（3）检查排污者是否在禁止设置新建排气筒的区域内新建排气筒。

（4）检查排气筒高度是否符合国家或地方污染物排放标准的规定。

（5）检查废气排气筒道上是否设置采样孔和采样监测平台。

（6）检查排气口是否按要求规范设置（高度、采样口、标志牌等），对有要求的废气是否按照环保部门安装和使用在线监控设施。

三、无组织排放源

对无组织排放源的监测要求：

（1）对于无组织排放有毒有害气体、粉尘、烟尘的排放点，有条件做到有组织排放的，检查排污单位是否进行了整治，实行有组织排放。

（2）检查煤场、料场、货物的扬尘和建筑生产过程中的扬尘是否按要求采取了防治扬尘污染的措施或设置防扬尘设备。

（3）在企业边界进行监测，检查无组织排放是否符合相关环保标准的要求。

四、废气收集、输送

废气收集、输送的措施如下：

（1）废气收集应遵循"应收尽收、分质收集"的原则。废气收集系统应根据气体性质、流量等因素综合设计，确保废气收集效果。

（2）对产生逸散粉尘或有害气体的设备，应采取密闭、隔离和负压操作措施。

（3）废气应尽可能利用生产设备本身的集气系统进行收集，逸散的气体采用集气（尘）罩收集时应尽可能包围或靠近污染源，减少吸气范围，便于捕集和控制污染物。

（4）废水收集系统和处理设施单元（原水池、调节池、厌氧池、曝气池、污泥池等）产生的废气应密闭收集，并采取有效措施处理后排放。

（5）集气（尘）罩收集的污染气体应通过管道输送至净化装置。管道布置应结合生产工艺，力求简单、紧凑、管线短、占地空间少。

五、废气治理

对废气治理的要求和措施有：

（1）各生产企业应根据废气的产生量、污染物的组分和性质、温度、压力等因素进行综合分析，选择成熟可靠的废气治理工艺路线。

（2）对于高浓度有机废气，应先采用冷凝（深冷）回收技术、变压吸附回收技术等对废气中的有机化合物回收利用，然后辅助以其他治理技术实现达标排放。

（3）对于中等浓度有机废气，应采用吸附技术回收有机溶剂或热力焚烧技术净化后达标排放。

（4）对于低浓度有机废气采用蓄热式热力焚烧技术、生物净化技术或等离子等技术。有回收价值时，应采用吸附技术；无回收价值时，宜采用吸附浓缩燃烧技术。

（5）恶臭气体可采用微生物净化技术、低温等离子技术、吸附或吸收技术、热力焚烧技术等净化后达标排放，同时不对周边敏感保护目标产生影响。

（6）连续生产的化工企业，原则上应对可燃性有机废气采取回收利用或焚烧方式处理，间歇生产的化工企业宜采用焚烧、吸附或组合工艺处理。

（7）粉尘类废气应采用布袋除尘、静电除尘或以布袋除尘为核心的组合工艺处理。工业锅炉和工业炉窑废气优先采取清洁能源和高效净化工艺，并满足主要污染物减排要求。

（8）提高废气处理的自动化程度。喷淋处理设施可采用液位自控仪、pH自控仪和ORP自控仪等，加药槽配备液位报警装置，加药方式宜采用自动加药。

（9）排气筒高度应按规范要求设置。排气筒高度不低于15m，氰化氢、氯气、光气排气筒高度不低于25m。末端治理的进出口要设置采样口并配备便于采样的设施。严格控制企业排气筒数量，同类废气排气筒宜合并。

六、处理设施的设备管理

对处理设施的设备管理有以下要求：

（1）在废气治理设施的进出口处分别设置采样口，以及建设检测平台，方便检测人员采样。

（2）在一般情况下禁止开启旁路。如发生故障或进行检修，必须报经生态环境部门同意后，才能开启旁路。对已明确不得设置旁路的设施，禁止设置旁路。

（3）必须按照工艺要求定期添加药剂或进行维护，以保证处理设施稳定正常运转。

七、处理设施的运行管理

按以下措施对处理设施的运行进行管理：

（1）对具备自主监测条件的企业，每日应当检测废气排放情况，检测结果记入运行台账。对不具备自主监测条件的企业，建议购买简易快速检测设备，每日对废气进行检测（购买设备的质控情况应当符合《排污单位自行监测技术指南总则》（HJ 819—2017）要求），或根据在线监控数据，掌握废气排放情况。出现故障或超标问题的，应及时向生态环境部门报告并查明原因，实施修复。

（2）每班如实填写统一印制的运行台账，台账中的检测结果、用药量、排气量等重要内容必须如实填写。

（3）废气处理设施的重要部件（电控仪表、水泵、探头、风机、布袋、电极灯管、吸附材料、加（喷）药装置等）必须经常检查，如有损坏必须及时修复和更换。

（4）定期巡查，重点检查车间收集管道是否存在漏气、堵塞等问题。

八、处理设施的安全管理

对处理设施的安全管理要求有：

（1）添加的药品酸与碱、氧化剂与还原剂分开存放。

（2）废气处理设施护栏、楼梯、栏板、支架定期维护和检查，如有损坏必须及时修复或更换。

（3）废气处理车间应安装良好的照明和通风设备。

（4）全部用电设备的电源线必须套管，电源线连接必须符合电气安全规范。

（5）操作工人必须持证上岗，穿着劳动保护服，穿戴必要的防护装备。

（6）废气处理场所必须配备紧急救护物资，用于操作工人面部或身体受到有害物质污染时进行紧急救护。

（7）废气处理场所禁止住宿，禁止养狗，工作期间禁止关门。

（8）备齐应急处置物资，出现污染事故按照应急预案要求立即处置，并向生态环境部门报告。

（9）涉及粉尘、VOCs 等易燃易爆气体的收集和处理设施的设计和验收，应当有安全生产专家意见，并向安全生产部门报告。

九、其他管理要求

其他管理要求如下：

（1）涉及废气排放的企业应编制污染天气应急预案，载明不同级别预警下的应急减排措施，明确具体停产的生产线、工艺环节和各类减排措施的关键性指标。在启动污染天气应急响应期间，涉及废气排放的企业应积极响应减排措施，特别是涉及 VOCs 排放企业，应错峰生产或减产限产。其中，重点管控企业涉及 VOCs 排放工序应暂停生产，待应急响应解除后方可恢复正常生产。

（2）保持废气处理场所整洁，废气处理场所内不得从事与废气处理无关的加工作业或作为仓库，应拆除与废气处理无关的管道。

（3）必须设置符合要求的规范化排放口，并安装排放口标志牌。

（4）在废气处理场所应悬挂环保工作人员岗位职责、污染治理设施工艺流程图及环境安全事故应急预案等标牌。

第四节　固体废弃物

一、环保督察

环保检查主要从固体废弃物的来源、储存与处理处置、转移、管理四个方面来检查，相关的要求重点参考《一般工业固体废物贮存和填埋污染控制标准》。

二、固废管理

企业应建立工业固体废物管理制度，明确工业固体废物管理的部门与责任人。明确工业固体废物综合利用的目标指标，建立工业固体废物的种类、产生量、流向、贮存、处置等有关资料的档案，按年度向所在镇（街道）生态环境分局申报登记。申报登记事项发生重大改变的，应当在发生改变之日起 10 个工作日内向原登记机关申报。涉及跨省转移工业固体废物的，需办理跨省转移工业固体废物手续后方可转移。

企业应按照减量化、资源化、无害化的原则依法依规对工业固体废物实施管理，优先对其实施综合利用，降低处置压力。

第五节　危险废物

一、危险废物处置合规的四要素

（一）危险废物管理计划

企业依据生产计划和产废特征，编制危险废物管理计划，指导全年危险废物管理与处置。

（二）危险废物转移计划

根据当地管理部门的要求，编制危险废物转移计划。

（三）危险废物转移联单

根据要求规范填写危险废物转移联单相关信息。

（四）危险废物管理台账

根据法规和当地管理部门的要求，以及企业危险废物管理的需要，如实填写危险废物产生、收集、贮存、转移、处置的全过程信息。

二、健全危险废物环境管理制度

（一）建立环境保护责任制度

企业应当建立环境保护责任制度，明确单位负责人和相关人员的责任。

（二）遵守申报登记制度

企业必须按照国家有关规定制定危险废物管理计划，申报事项或者危险废物管理计划内容有重大改变的，应当及时申报。

（三）制定意外事故的防范措施和应急预案

企业应当制定意外事故的防范措施和应急预案，并向所在地县级以上地方人民政府环境保护行政主管部门备案。

（四）组织专门培训

企业应当对本单位工作人员进行培训，提高全体人员对危险废物管理的认识。

三、严格遵守收集、贮存要求

（一）应具备专门危险废物贮存设施和容器

企业应建造专用的危险废物贮存设施，也可利用原有构筑物改建成危险废物贮存设施。设施选址和设计必须符合《危险废物贮存污染控制标准》（GB 18597，2013 修订）的规定。除常温常压下不水解、不挥发的固体危险废物之外，企业必须将危险废物装入符合标准的容器。

（二）收集、贮存的方式和时间应符合要求

企业必须按照危险废物特性分类进行收集和贮存，也必须采取防止污染环境的措施。禁止混合收集、贮存性质不相容而未经安全性处置的危险废物，也禁止将危险废物混入非危险废物中贮存。容器、包装物和贮存场所均需按相关国家标准和《〈环境保护图形标志〉实施细则（试行）》设置危险废物识别标识，包括粘贴标签或设置警示标志等。贮存危险废物的期限通常不得超过一年，延长贮存期限的需报经环保部门批准。

四、严格遵守运输要求

（一）使用专用运输车辆和专业人员

企业需遵守国家有关危险货物运输管理的规定，禁止将危险废物与旅客在同一运输工具上载运。运输工具和相关从业人员的资质需符合《道路危险货物运输管理规定》《危险化学品安全管理条例》等法律规范的有关规定。道路危险货物运输经营需获得《道路运输经营许可证》，非经营性道路危险货物运输需获得《道路危险货物运输许可证》。

（二）采取污染防治和安全措施

企业运输危险废物必须采取防止污染环境的措施，并对运输危险废物的设施、设备和场所加强管理和维护。运输危险废物的设施、场所必须设置危险废物识别标志。禁止混合运输性质不相容而未经安全性处置的危险废物。危险废物道路运输车辆应配置符合规定的标志。车辆车厢、底板等硬件设施应具有密封性同时又便于清洗；车辆应配备相应的捆扎、防水、防渗和防散失等用具和与运输类项相适应的消防器材；车辆应容貌整洁、外观完整、标志齐全，车辆车窗、挡风玻璃无浮尘、无污迹。车辆车牌号应清晰无污迹。

五、严格遵守转移要求

（一）报批危险废物转移计划

企业在向危险废物移出地环境保护行政主管部门申领危险废物转移联单之前，须先按照国家有关规定报批危险废物转移计划。

（二）遵守危险废物转移联单制度

企业转移危险废物必须按照国家有关规定填写危险废物转移联单，并向危险废物移出地设区的市级以上地方人民政府环境保护行政主管部门提出申请。联单

保存期限通常为五年；贮存危险废物的，联单保存期限与危险废物贮存期限相同；或根据环保行政执管部门的要求，延期保存联单。

（三）未经核准不得跨省转移贮存、处置

按照《中华人民共和国固体废物污染环境防治法》第二十三条，转移固体废物出省、自治区、直辖市行政区域贮存、处置的，应当向固体废物移出地的省、自治区、直辖市人民政府环境保护行政主管部门提出申请。移出地的省、自治区、直辖市人民政府环境保护行政主管部门应当商经接受地的省、自治区、直辖市人民政府环境保护行政主管部门同意后，方可批准转移该固体废物出省、自治区、直辖市行政区域。未经批准的，不得转移。

六、合法处置产生的危险废物

（一）自行利用、处置时应依法进行环评并严格遵守国家标准

企业自行利用、处置产生的危险废物时，应对利用、处置危险废物的项目依法进行环评，并定期对处置设施污染物排放进行环境监测。其中，对焚烧设施二噁英排放情况，企业每年至少监测一次。处置还应符合《危险废物填埋污染控制标准》（GB 18598—2013 修订）、《危险废物焚烧污染控制标准》（GB 18484—2001）等相关标准的要求。

（二）委托第三方处置时应核查第三方资质

企业不得将危险废物提供或者委托给无经营许可证的单位从事收集、贮存、利用、处置的经营活动。危险废物经营许可证按照经营方式，分为危险废物收集、贮存、处置综合经营许可证和危险废物收集经营许可证。企业需核查第三方处置单位具有的危险废物经营许可证类别以及许可证所记载的危险废物经营方式、处置危险废物类别、年经营规模、有效期限等信息，确认第三方处置单位具有处置资质和能力。

七、安全管理

当法律法规和其他要求、生产工艺、污染治理工艺等发生变化时，新、改、扩建设项目投产，发生危险废物污染事故后，企业应及时重新识别危险废物。对于根据《国家危险废物名录》（2021 版）难以分辨是否属于危险废物的固体废物，可委托有资质的单位根据国家危险废物鉴别标准和鉴别方法进行鉴定。

（一）企业危险废物的收集、贮存和转移

企业应制定危险废物收集、贮存现场防渗、防泄漏、防雨等措施并规范实

施，危险废物贮存场所应符合国家《危险废物贮存污染控制标准》和《危险废物收集贮存运输技术规范》等有关标准，处置应选择有资质单位并进行危险废物转移计划备案，备案通过后，如实填写"危险废物转移联单"并存档。

（二）危险废物管理

危险废物管理的要求如下：

（1）每日定期检查危险废物产生、贮存及转移情况，检查结果记入危险废物管理台账。如有危险废物流失、盗失等情况，及时查明原因，采取相应措施，防止造成污染事故，并向生态环境部门报告。

（2）危险废物转移时，应登录所在地固体废物环境监管信息平台，如实填写危险废物电子转移联单。

（三）安全管理

危险废物的安全管理要求有：

（1）危险废物的贮存设施的选址、设计、运行与管理等必须遵循《危险废物贮存污染控制标准》的规定；

（2）禁止混合贮存性质不相容而未经安全性处置的危险废物，以免发生事故；

（3）危险废物贮存场所和设施必须定期维护和检查，如有破损、渗漏等情况时，及时进行修复或更换；

（4）危险废物贮存场所应安装良好的照明和通风设备；

（5）全部用电设备的电源线必须套管，电源线连接必须符合电气安全规范；

（6）操作工人必须持证上岗，穿着劳动保护服，穿戴必要的防护装备；

（7）危险废物贮存场所必须配备紧急救护物资，用于操作工人面部或身体受到有害物质污染时进行紧急救护；

（9）备齐应急处置物资，出现污染事故按照应急预案要求立即处置，并向生态环境部门报告。

第六节 废 水

一、污水设施检查

对污水设施检查的要求如下：

（1）污水处理设施的运行状态、历史运行情况、处理能力及处理水量、废水的分质管理、处理效果、污泥处理、处置。

（2）是否建立废水设施运营台账（污水处理设施开停时间、每日的废水进出水量、水质，加药及维修记录）。

（3）检查排污企业的事故废水应急处置设施是否完备，是否能够保障对发生环境污染事故时产生的废水实施截留、贮存及处理。

二、污水排放口检查

污水排放口检查的要求如下：

（1）检查污水排放口的位置是否符合规定，检查排污者的污水排放口数量是否符合相关规定，检查是否按照相关污染物排放标准、规定设置了监测采样点，检查是否设置了规范的便于测量流量、流速的测流段。

（2）总排污口是否设置环保标志牌，是否按要求设置在线监控、监测设备。

三、排水量、水质检查

排水量、水质检查要求如下：

（1）有流量计和污染源监控设备的，检查运行记录。

（2）检查排放废水水质是否能够达到国家或地方污染物排放标准的要求。

（3）检查监测仪器、仪表、设备的型号和规格，以及检定、校验情况。

（4）检查采用的监测分析方法和水质监测记录，如有必要可进行现场监测或采样。

（5）检查雨污、清污分流情况，检查排污单位是否实行清污分流、雨污分流。

四、实行雨污分流

实行雨污分流的措施如下：

（1）按规范设置初期雨水收集池，满足初期雨量的容积要求。

（2）有废水产生的车间分别建立废水收集池，收集后的污水再用泵通过密闭管道送入相关废水处理设施。

（3）冷却水通过密闭管道循环使用。

（4）雨水收集系统采用明沟，所有沟、池采用混凝土浇筑，有防渗或防腐措施。

五、生产废水和初期雨水的处置

生产废水和初期雨水的处置有以下要求：

（1）废水自行处理、排放的企业要建立与生产能力和污染物种类配套的废水处理设施，废水处理设施正常运行，能够稳定达标排放。

（2）废水接管的企业要建立与生产能力和污染物种类配套的预处理设施，

预处理设施正常运行，能够稳定达到接管标准。

（3）废水委托处置的企业，要与有资质单位签订协议，审批、转移手续齐全，并建立委托处置台账。

（4）具备接管条件的企业，生活污水必须接管进污水厂处理

六、排放口设置

污水排放口设置的要求如下：

（1）每个企业原则上只允许设置一个污水排放口和一个雨水排放口，并设置采样监控井和标志牌。

（2）污水排放口要符合规范化整治要求，做到"一明显、二合理、三便于"，即环保标志明显，排污口设置合理、排污去向合理，便于采集样品、便于监测计量、便于公众参与和监督管理。

（3）雨水排放口要采用规范明沟，安装应急阀门。

七、设施设备管理

（一）保持废水处理场所整洁

废水处理场所内不得从事与废水处理无关的加工作业或作为仓库。除必要的备用件和维修工具、检测工具外，与废水处理无关的杂物、软管和消防水带、潜水泵等必须清除，拆除与废水处理无关的管道。

（二）对容易产生异味污水的处理

调节池、厌氧池等易产生臭气或异味的池体应对废气进行收集、输送、处理，以减少臭气或异味对周边环境的影响。

（三）污水排放口的设置

必须设置符合要求的规范化污水排放口，并安装排放口标志牌。

（四）废水的检测

有条件的企业或明确要求设置废水检测化验室的企业，应配置排污许可证列明许可排放污染物相对应污染物的检测设备，并对废水进行检测。

（五）废水处理场所的管理

在废水处理场所应悬挂环保工作人员岗位职责、污染治理设施工艺流程图及环境安全事故应急预案等标牌。

（六）处理设施的设备管理

处理设施的设备管理要求如下：

（1）流量计电源线必须直接连接，不准设开关或插座；

（2）废水管道、污泥管道流向标示清晰，中间尽量不设三通管道；

（3）设施的电源线管、气管线、自来水管必须分类标识清楚，按"横平竖直"要求码齐。

（七）处理设施的运行管理

处理设施的运行管理要求如下：

（1）设有化验室的企业，每日定期检测废水水质，检测结果记入运行台账。没有化验室的企业，根据在线监控数据，或通过简易快速检测设备、试剂等每日对废水进行测试，掌握废水排放情况。出现故障或超标问题时，及时向生态环境部门报告并查明原因，实施修复。配备取水量表、井盖钩、强力电筒等工具。

（2）每班如实填写运行台账，台账中水质检测结果、用药量、排水量、污泥产生量及处理量等重要内容必须如实填写。

（3）废水处理设施重要部件（电控仪表、水泵、探头、斜板沉淀池、流量计等）必须经常检查，如有损坏必须及时修复和更换。

（4）定期巡查，重点检查车间收集管网是否损坏、是否存在混流、生产废水泄漏混入雨水管道或生活污水管道、是否存在高浓度的废酸废碱进入收集系统等问题。

（八）处理设施的安全管理

处理设施的安全管理要求如下：

（1）废水处理药品酸与碱、氧化剂与还原剂分开存放；

（2）高浓度的废酸废碱、脱镀液、蚀刻液以及电镀洗缸水不得排入污水治理设施，必须按有关要求设置危险废物贮存场所地点进行分类收集，并交有资质的危险废物经营单位处理；

（3）废水处理设施的护栏、楼梯、栏板、支架定期维护和检查，属有限空间的，必须按照相关要求设置标识并配备完善安全预防设施，如有损坏必须及时修复或更换；

（4）废水处理车间应安装符合安全、环保要求良好的照明和通风设备，企业安保视频监控系统应对废水处理区域进行全覆盖并确保正常运行，记录保存期限不少于3个月；

（5）全部用电设备的电源线必须套管，电源线连接必须符合电气安全规范；

（6）操作工人必须持证上岗，穿着劳动保护服，穿戴必要的防护装备；

（7）废水处理场所必须安装紧急冲洗装置，用于操作工人面部或身体受到有害物质污染时进行紧急救护；

（8）污水处理场所禁止住宿，禁止养狗，工作期间禁止关门；

（9）备齐应急处置物资，出现污染事故按照应急预案要求立即处置，并向生态环境部门报告。

第七节　突发环境事件管理

一、突发环境事件隐患排查与治理

（一）隐患排查

企业应建立隐患排查治理的管理制度，明确责任部门、人员、方法，并对隐患进行评估，确定隐患等级，登记建档。

土壤污染重点监管单位应建立土壤和地下水污染隐患排查治理制度，定期聘请专业单位对有毒有害物质的地下储罐、地下管线、污染治理设施等重点设施开展隐患排查。

（二）排查范围与方法

隐患排查的范围应包括所有与企业生产经营相关的场所、环境、人员、设备设施和活动，可采取综合排查、日常排查、专项排查及抽查等方式开展隐患排查工作。

（三）隐患治理

根据隐患排查和分级的结果，企业应当制定隐患治理方案，并按照有关规定的要求分别开展隐患治理。

其中，重大隐患治理方案内容应包括治理目标、完成时间和达标要求、治理方法和措施、资金和物资、负责治理的机构和人员责任、治理过程中的风险防控和应急措施或应急预案。

重大隐患治理结束后企业应组织技术人员和专家对治理效果进行评估和验收，并编制重大隐患治理验收报告。

（四）监测预警

企业可采用仪器仪表等技术手段及管理方法，对废水、废气等重大环境因素建立应急监测预警系统及报告机制，并与企业突发环境事件应急预案相衔接。

二、突发环境事件应急管理

(一) 应急准备

企业应建立突发环境事件应急管理制度，建立环境应急管理机构或指定专人负责环境应急管理工作。在开展环境风险评估和应急资源调查的基础上，编制突发环境事件应急预案并执行备案规定。建立与本企业环境风险相适应的专/兼职应急队伍或指定专/兼职应急人员并组织培训和演练。突发环境事件应急预案的评审、发布、培训、演练和修订应符合相关规定。

企业应按应急预案的要求，落实各项风险防控措施，对应急设施、装备和物资进行检查、维护、保养，确保其完好可靠。制定应急预案演练计划，定期组织应急预案演练，并对应急演练的效果进行评估、总结。

(二) 应急响应

企业在明确发生突发环境事件后，应立即启动应急响应程序，按有关规定及时向当地政府及生态环境部门报告，并依照应急预案开展事故处理，采取切断或者控制污染源以及其他防止危害扩大的必要措施，妥善保护事故现场及有关证据，及时通报可能受到危害的单位和居民。

(三) 事故调查与处理

企业发生突发环境事件后，应按规定成立调查组，明确其职责与权限，进行调查或配合上级部门的调查。

突发环境事件调查应查明事件发生的时间、经过、原因、污染程度和范围、人员伤亡情况及直接经济损失等。事件调查组应根据有关证据、资料，分析事件的直接、间接原因和责任，提出整改措施和处理建议。按照有关规定编写突发环境事件调查报告，针对事故原因举一反三，制定纠正与预防措施并落实到位。

第八章 绿色矿山建设的专项工具

本章主要介绍绿色矿山建设的专项工具，包含评估的方法、绿色矿山建设水平等级认证、绿色矿山科学技术奖、绿色矿山系列丛书、绿色矿山遴选、绿色矿山"回头看"等内容。

第一节 绿色矿山建设水平等级认证

绿色矿山建设水平等级认证是由国家认监委（国家市场监督管理总局）批准的一项推动矿业生态文明发展的认证业务，是一种权威的第三方评估机构对绿色矿山实质性建设情况的评估，关注的是绿色矿山建设水平和达标程度。

绿色矿山建设水平等级认证的意义如下：

（1）认证是一种信用保证形式，在国家深入推行"放管服"改革背景下，其作用越来越重要，为矿山企业逐步推进绿色矿山建设和不断树立阶段新目标确定了方向。

（2）认证是推动绿色矿山建设的新方式、新方法，是推进绿色矿山建设的新抓手。

（3）国家认证认可监督管理委员会非常重视矿山行业的绿色矿山建设，大力支持开展相关认证业务；对于政府管理部门，通过社会力量的参与，解决了政府人手少、专业力量薄弱的问题。

（4）经过认证机构确定的"绿色矿山建设水平等级"具有相当高的权威性，具有绿色矿山建设水平等级认证的国家级授权。

（5）绿色矿山建设水平等级认证证书与职业健康安全管理体系认证、环境管理体系认证、能源管理体系认证证书一样正规有效，通过该认证后能够显著提升企业的信誉度和知名度。

第二节 绿色矿山科学技术奖

一、绿色矿山科学技术奖简介

绿色矿山科学技术奖是 2015 年由国家科学技术奖励工作办公室（http：//www. nosta. gov. cn）批准设立的综合性社会科技奖励（国科奖，社证第 0265 号，简称绿矿奖），是中关村绿色矿山产业联盟（国务院为推动国家创新示范区工作特设的全国性社会团体组织）为推进绿色矿业发展设立的重要奖项，并同时在人力资源与社会保障部奖励办备案。绿矿奖受中关村绿色矿山产业联盟技术委员会主任、中国工程院能源与矿业工程学部主任苏义脑院士和中关村绿色矿山产业联盟总顾问、中国工程院能源与矿业工程学部原主任彭苏萍院士等专家学者的指导并负责评审把关，现已得到社会各界和矿山行业的广泛关注与高度认可。每届获奖项目类数量占受理总数的33.8%，评奖结果在中关村绿色矿山产业联盟官方网站发布公告，并报国家科学技术奖励办备案。

目前，李根生、滕吉文、聂建国、邵安林、王运敏等十六位院士及其带领研究团队的30余项科技项目申报过绿矿奖；清华大学、中南大学、重庆大学、浙江大学、中国矿业大学、中国矿业大学（北京）、中国地质大学、中国石油大学等80余所高等院校获得过绿矿奖，国家能源集团、中国黄金集团、中国石油集团、中国石油化工集团、中铝集团、五矿集团、中国华电集团、河南能源化工集团等50多家集团企业科研人员申报了绿矿奖。此外，各地市自然资源局和县政府的20余家单位获得了绿矿奖项。

绿矿奖从项目申报、受理到初级评审、二次评审、最终评审的公平公正性和规范严谨性已经被各行业广泛认可，至今已全面开展了四届奖项评审，政府部门绿色矿山建设管理人员、高等院校科研人员、矿山企业工作人员共4000余人获得绿色矿山科学技术奖励表彰，获奖人员所在工作单位对于不同等级均给予一定的现金奖励与荣誉表彰。

中关村绿色矿山产业联盟每年组织一届绿矿奖的申报、评审、授奖。

二、绿色矿山科学技术奖类型

绿色矿山科学技术奖设有基础研究（成果）类、科技进步发明（成果）类、重大工程类、青年科技（个人）类、突出贡献类、优秀研究生学位论文类以及矿业装备类七个奖项。

（一）绿色矿山基础研究奖

绿色矿山基础研究奖授予在绿色矿山建设和绿色矿业发展过程中涉及基础研究和应用基础研究中阐明自然现象、特征和规律，具有重大的科学意义，做出重大科学发现的个人和组织。基础研究类分设一等奖、二等奖两个等级。

（二）绿色矿山科技进步奖、发明奖

绿色矿山科技进步奖授予已取得社会经济效益并具有重大应用前景的结构新颖、有新型功能、符合国家产业政策、节能环保、主要技术指标先进、经批量生产证明性能可靠，有行业、团体或企业标准并符合相关规范的新产品；在水平先进、降低成本、改善劳动条件、提高劳动生产率、节约原材料、降低能耗、促进产业改造升级等方面有很大作用的新技术、新工艺、新材料等科研开发成果以及标准、规范等成果。科技进步奖和发明奖均设立一等奖、二等奖和三等奖三个等级，这是绿矿奖授奖项目最多的一类。

（三）绿色矿山重大工程奖

绿色矿山重大工程奖授予省级以上重大工程建设、绿色矿山建设、绿色勘察建设、绿色矿业发展示范区建设等大型工程；采用新工艺、新模式、新技术，优化设计，降低工程造价，在安全生产、节能降耗、废弃物排放以及对噪声、粉尘、地热等的治理有明显改善，达到生产或使用的要求，并取得一定的经济效益或社会效益，对推动产业改造升级等具有示范作用的大型生态修复治理工程、大型绿色矿井建设工程。绿色矿山重大工程奖设一等奖和二等奖两个等级。

（四）绿色矿山青年科学技术奖

绿色矿山青年科学技术奖授予年龄不超过 40 岁（女性 45 岁），在绿色矿山建设和绿色矿业发展等科学研究中取得重要发现，推动相关学科发展，或在绿色矿山建设和绿色矿业发展等关键核心技术研发中取得创新性突破，推动相关行业领域发展并获得国内外高度认可的科技工作者。绿色矿山青年科学技术奖授奖率约为 38%，对于高校科研人员与企业人员有不同的授予比例，不设等级。

（五）绿色矿山突出贡献奖

绿色矿山突出贡献奖授予在绿色矿山建设和绿色矿业发展等过程中引领行业进步，树立行业标杆，推动学科发展，展现行业形象并获得国内高度认可的单位或个人；对于特别突出的单位或个人授予杰出贡献单位奖或杰出贡献个人奖，原则上不超过突出贡献奖的 20%。

（六）绿色矿山优秀研究生学位论文奖

绿色矿山优秀研究生学位论文奖授予围绕绿色矿山领域前沿，研究成果有重要理论意义或现实意义，在理论或方法上有创新，取得突破性成果，达到国际同类学科先进水平，具有较好的社会效益或应用前景的校级优秀学位论文。不设等级，对获奖论文作者授予奖金。

（七）矿业装备质量奖

矿业装备质量奖授予围绕油气、煤炭、黑色金属、有色金属、稀有及贵金属、化工、非金属矿、砂石等矿业，提供矿产资源勘探与测绘、资源开发（含加工制造）、矿产资源综合利用、环境保护与节能减排、土地复垦与生态重建、清洁生产、矿山安全与应急管理、矿山智能化、尾矿（煤矸石）处理与利用、装载运输装备等矿业装备，其装备技术能够在增强矿业自主创新能力、实现绿色低碳转型升级高质量发展方面发挥重要作用。矿业装备质量奖设立金奖和银奖。

第三节　绿色矿山遴选

一、2019 年度绿色矿山遴选

2019 年自然资源部办公厅发布《自然资源部办公厅关于做好 2019 年度绿色矿山遴选工作的通知》（以下简称《通知》），全国绿色矿山遴选工作正式拉开序幕。

《通知》明确了绿色矿山遴选原则、工作程序以及工作要求：

（1）遴选原则主要考虑遴选依据、遴选范围和遴选数量等方面。《关于加快建设绿色矿山的实施意见》（国土资规〔2017〕4 号）要求和《非金属矿行业绿色矿山建设规范》等 9 个行业标准作为遴选依据。遴选范围明确，矿山是持有有效采矿许可证的独立矿山（含油气类），近三年内未受到自然资源和生态环境等部门行政处罚，且矿业权人未被列入异常名录。其中新建矿山应正常生产一年以上，生产矿山剩余开采年限应不少于五年并正常运营。对于遴选数量要严格把关，每个省原则上最多推荐 25 个，矿山建设基础好或是资源大省原则上最多40 个。

（2）2019 年绿色矿山遴选工作程序，严格按照矿山自评估、第三方评估、实地抽查、材料审核、公示五个程序执行，所有程序环节要求相关人员真实、客观、全面展示遴选矿山的实际状况。明确要求实地核查需要采取明察暗访、突击检查、问卷调查等多种手段进行抽查验收，并且数量要至少达到 30%。严格审查自评估报告和第三方评估报告与实际考察矿山情况是否相一致。

（3）工作要求中提出，各省（区、市）自然资源主管部门要认真践行"绿水青山就是金山银山"的理念，高度重视并精心组织遴选工作，目标是遴选出的绿色矿山必须满足生态文明建设要求，推荐绿色矿山建设取得实质性突破。遴选工作相关人员需要严格把关、确保质量。同时要求各地要做好日常监督管理，按照"双随机、一公开"的要求，对纳入名录的矿山进行抽查，相关工作可与矿业权人勘查开采信息公示实地核查工作同步部署、同步开展，并发挥好社会监督的作用，建立诚信体系。对不符合标准的矿山要及时上报，从名录中移除。

二、2020 年度绿色矿山遴选

自然资源部办公厅发文启动 2020 年度绿色矿山遴选工作，要求各省（区、市）遴选时要突出矿山企业的典型性和代表性。明确要求各省（区、市）遴选数量原则上最多 10 个。

（1）遴选要求提出，2020 年遴选包括网上申请、矿山自评、第三方评估、材料审核、实地核查、公示 6 个环节。其中，在第三方评估环节，各地要以政府购买服务方式委托第三方评估机构对矿山开展实地评估，按照统一评价指标要求形成第三方评估报告。

（2）重点要求各地要强化第三方评估机构的责任机制和严格实地核查，加强监管，推进评估工作标准化。评估机构和评估专家须保持独立，不得参与矿山自评估报告编写，评估工作开展前后一年内不得与矿山企业有关联业务往来。严禁以任何形式收取矿山企业费用和利用评估谋取不正当利益等。

第四节　绿色矿山评估

评估：是指依据某种目标、标准、技术或手段，对收到的信息，按照一定的程序进行分析、研究，判断其效果和价值的一种活动；其评估报告则是在此基础上形成的书面材料，对方案进行评估和论证，以决定是否采纳。评估报告是评估过程的总结。

评价：是对一定的想法、方法和材料（绿色矿山的自评估材料和现场）等作出价值判断的过程。它是一个运用标准对事物的准确性、实效性、经济性以及满意度等方面进行评估的过程。评价是一个评估过程，要想评价结果能够为决策所用，还必须形成评估报告。相对来说，评价较表面一点，而评估需要更充分的证据来证明得出的结论。

一、收集评估信息/证据的方法

绿色矿山评估过程中对评估人员的专业素质以及综合能力要求较高。评估人员需要通过样本评价总体情况，样本的抽取直接关系到评估过程对关键要素的分析、判断与比较，进而得出基于公正、客观、有效的评估结果。收集的信息证据应该是建立在合理设定的样本基础上，确保信息的真实性、客观存在性、可重查性以及可验证性。一般可以通过现场观察和在文件资料审阅中获取相关信息，或是与矿山生产运行中有关数据记录，也包括与被评估管理和业务活动相关负责人的谈话中获取判断信息。此过程中，评估人员要避免道听途说、假设、主观臆断、不合理推理、猜测等方式获取信息。

二、有效性评估的方法、技术及工具

有效性评估的方法、技术和工具是绿色矿山建设评估的重要内容，一般有检查表法、情景分析法、根源分析法、业务影响分析法、保护层分析法以及蝶形图分析法。

（1）检查表法。检查表法是一种最简单的评估技术，也是贯穿整个评估过程的方法，其特点是基础、简便、应用范围广泛，检查表的一般依据是国家、行业或地方绿色矿山建设规范要求以及国家、地方绿色矿山建设评价指标，此外还增加了企业的管理内容，体现企业特点。

（2）情景分析法。在逻辑合理、推断有据的基础上，对可能发生的情景进行综合分析评估，一般可以通过正式或非正式、定性或定量的手段进行情景分析。实际内容可能涉及通过建设绿色矿山，采选主营业务的比重变化；节能水平预期达到的效果或是采矿沉降区的预测预判等。

（3）根源分析法。对发生的单项损失进行分析，以了解造成损失的原因以及如何改进系统、过程，避免未来出现不可逆的损失。分析时需要考虑发生损失可采取的应急方法，包括怎样改进。根源分析的内容有：通过弥补管理漏洞，完善管理机制；通过事件应急措施，完善管理机制；各类手续不齐全、超能力生产造成的后果分析；通过目前难治理难修复的现状分析，如何不对后期造成难修复、难治理；采用绿色矿山建设的关键要点设计。

（4）业务影响分析法。分析影响绿色矿山建设的重要因素，同时明确如何对这些影响因素进行管理。常见内容有：设备老化、设施陈旧对运行的影响；工业工厂布局对生产效率的影响；停工停产带来的损失等。

（5）保护层分析法。保护层分析法是绿色矿山建设可持续改进的有效性评估方法。涉及内容有：设备的本质安全；突降暴雨、洪水等突发事件造成的影响，其改进措施是否合理；不满足有关环保、安全标准的风险的措施分析。

（6）蝶形图分析法。这是一种简单的图形描述方式，分析绿色矿山影响因素对绿色矿山建设改进的各类路径，并审核实现目标的管理方案。蝶形图分析的主要内容有：环保督察常见的问题以及不能及时处理的后果、环保督察的方法等。

绿色矿山建设、评估/评价的方法见附录33。

三、绿色矿山自评估

2019年6月，自然资源部办公厅下发《关于做好2019年度绿色矿山遴选工作的通知》，明确要求在遴选过程中需要矿山企业编写自评估报告。要充分认识到自评估是绿色矿山建设持续改进的工具，而不是企业负担，通过有效性评估，促进矿山企业高质量发展。自评估报告主要内容包括：

（1）详细、真实地介绍矿山的基本情况；

（2）重点展现在绿色矿山建设过程中开展的工作，比如选用先进适用的设备技术、环境生态修复达到相关要求、完善企业管理机制等；

（3）与绿色矿山建设评价指标逐项对应梳理，完成数据统计与分析；

（4）对于达到绿色矿山建设标准的需要阐述清楚，包括依法办矿，满足国家、行业或地方标准，符合先决条件，达到入库要求等。

四、绿色矿山第三方评估

2020年6月，为做好绿色矿山遴选工作，统一评价指标标准，推进第三方评估工作规范化，依据《关于加快建设绿色矿山的实施意见》（国土资规〔2017〕4号）和《关于做好2020年度绿色矿山遴选工作的通知》（自然资办函〔2020〕839号），自然资源部办公厅发布《绿色矿山评价指标》和《绿色矿山遴选第三方评估工作要求》，对绿色矿山第三方评估工作作出明确要求。

第三方评估报告应包含内容：

（1）把矿山的具体情况要交待清楚（自评估有不代表第三方评估报告不需要）；

（2）把第三方评估依据、目的、范围以及评估方法、专家组成、评估机构情况交待清楚；

（3）把评分的依据讲清楚，结果可追溯，讲清楚当时谁去看、看了什么；

（4）把自己同意通过评审的依据讲清楚；

（5）报告编写应体现客观性，评估结论的得出完全建立在对大量的材料进行科学研究和分析的基础之上。

此外，第三方评估报告必须具有科学性，在评估工作中，全面调查与重点核查相结合，定量分析与定性分析相结合，经验总结与科学预测相结合，以保证相关项目数据的客观性、使用方法的科学性和评估结论的正确性。

第五节 绿色矿山"回头看"

全国绿色矿山建设对推进生态文明建设、促进资源节约与综合利用等方面起到了重要作用，自2019年以来，浙江省、安徽省、江西省、河北省、广西壮族自治区、贵州省、重庆市等各地自然资源部门积极开展绿色矿山"回头看"工作，这一举措对于推进绿色矿山建设起着积极的作用，同时也体现了各级政府建设好绿色矿山的决心和信心。

绿色矿山"回头看"主要涉及内容有：

（1）认真贯彻落实习近平总书记生态文明思想以及关于自然资源管理的重要论述，切实加强组织领导，对已经纳入各级绿色矿山名录的矿山严格按照《非金属矿行业绿色矿山建设规范》等9项行业标准、《绿色矿山建设评价指标》、各省市地方标准内容开展复核工作。

（2）绿色矿山"回头看"针对不符合标准要求，存在《营业执照》《采矿许可证》《安全生产许可证》不齐全；多次受到行政处罚情形严重的；越界开采、擅自改变开采方式、发生过重特大安全事故的；列入矿业权人勘查开采信息公示系统异常名录的；被中央环保督察、长江经济带生态环境警示片等通报过的；以及相关部门函告移出等情况的矿山，需要各省市自然资源部门提出明确意见。

（3）绿色矿山"回头看"各地针对不符合标准条件的矿山先移出名录，并督导矿山企业细化措施，积极整改。要求总结绿色矿山建设推进工作，梳理存在关键问题，落实整改意见，对绿色矿山建设目标脱离实际的及时进行调整。

（4）要求已经出台地方标准的地市，需要在充分考虑本地区气候、环境、生态等因素上，适时修改、完善、实施。

（5）绿色矿山"回头看"的结论必须明确。

第六节　绿色矿山高级培训

作为民政部门正式批准的仅有的全国性矿山创新联盟，专门服务于绿色矿山的社会团体法人单位，中关村绿色矿山产业联盟近两年组织公益性线上培训近30次，有效访问近50万人次；组织40余场现场培训，5000余人参与并获得国家人力资源和社会保障部有关单位颁发的培训技能证书。绿色矿山培训为全国矿业领域普及了绿色矿山知识，为绿色矿业发展培养了精英人才。

绿色矿山培训主要围绕以下内容进行系统、综合、全面的讲解。

（1）绿色矿山知识体系梳理。以自然资源部发布的《非金属矿行业绿色矿山建设规范》等9项行业标准为基准，围绕矿区设施设备、矿区布局与绿化、绿色开采、矿物清洁加工、环境保护、生态修复、智能矿山、科技创新、绿色矿山管理机制等基础知识和绿色矿山建设关键点等内容进行培训。

（2）绿色矿山评价指标条文释义解析，深入剖析全国绿色矿山评价指标中的关键点以及难把握、难理解、难实施的指标。

（3）绿色矿山自评估报告的编写技巧和经验，包括矿山（或指导矿山）如何建设绿色矿山、如何准备材料、如何真实有效的得分、如何编写自评估报告等。

（4）分析绿色矿山建设过程中，领导检查、环保督察时最容易发现的问题，矿山企业必须做好的基础工作或必须持续改进的任务。

（5）《矿山地质环境保护与土地复垦方案》编报和关键点理解。

（6）绿色矿山持续改进提升方案编写、注意要点、各级绿色矿山"回头看"的重点。

第七节　绿色矿山系列丛书

一、《绿色矿山系列丛书》概述

《绿色矿山系列丛书》是中关村绿色矿山产业联盟联合自然资源部门、高等院校专家学者统筹组织编写的国内首套聚焦绿色矿山建设全过程的系列丛书，也是全球首套绿色矿业领域的丛书。原国土资源部副部长担任编写委员会主任，多名院士和自然资源部有关专家任副主任，矿业领域院士、长江学者、国家杰出青年、知名学者近 200 余人参与了编撰工作。

近 3 年来，绿色矿山系列丛书编委会先后组织编撰出版了《绿色矿山建设标准解读》（3 册）《绿色矿山评价指标条文释义》《绿色勘探技术》《绿色矿山技术发展与应用》《绿色矿山研究与实践》《绿色矿山知识学习题册》中文版专著，为推动生态文明在矿业领域的实践起到重要的作用。

此外，丛书编写委员会在国际著名出版社 Springer 出版并发行《*Interpretation of Green Mine Evaluation Index*》英文著作，也是全球第一部聚焦绿色矿山建设的外文书籍资料，向世界宣传了绿色矿业发展的中国新思路与新模式，为全球矿业公司和管理机构提供了非常实用的绿色矿山建设和管理经验、方法、手段，为全球绿色矿山建设与可持续高质量发展提供了切实可行的中国方案与指南。

二、《绿色矿山系列丛书》内容简介

（1）《绿色矿山标准解读》根据九个矿山行业特点，分别撰写了《煤炭、陆上石油天然气开采、化工行业绿色矿山标准解读》《有色金属、冶金、黄金行业绿色矿山标准解读》《非金属矿、砂石、水泥灰岩行业绿色矿山标准解读》三册。《非金属矿行业绿色矿山建设规范》等 9 项绿色矿山建设标准以及解读的发布，标志着我国绿色矿山建设由行政推动转向标准引领，对全面推进绿色矿山建设起到重要作用，同时也帮助绿色矿山建设行政管理人员、矿山设计人员、工程施工人员、监督管理人员、第三方评估人员和矿山企业管理人员等更好地理解绿色矿山建设标准，全面、深入、科学把握其内涵与实施方式，促使绿色矿山建设标准的原则性要求与实际操作有机衔接。

（2）《绿色矿山评价指标条文释义》是依据九个矿山行业《绿色矿山建设规范》的具体要求，结合矿山实际情况，广泛征求社会各界的意见或建议编写的，其主要内容立足于矿山企业绿色矿山建设的实际情况，结合具体案例深入浅出、形象生动地阐述绿色矿山评价标准中的相关概念、相关法律政策、实施措施、检查要点、企业应提供的材料等内容，是一套可用于矿山企业、绿色矿山咨询服务机构、第三方评估机构、矿政管理人员实施绿色矿山建设与评估的通用工具书。

（3）《绿色勘探技术》紧紧围绕"绿色勘探"这一主题，依靠先进装备与技术，注重环境保护和职业健康安全，践行绿色勘探，推进地质勘探行稳致远，旨在粹取国内地质勘探领域所实施绿色勘探的新设备、新仪器、新技术、新工艺、新方法的精华，为读者呈现较为实用的先进绿色勘探装备与技术方法及典型成功实例，为指导不同类型的地质勘探工作起到有益的帮助和启示。编写《绿色勘探技术》意义重大，是认真贯彻习近平总书记生态文明思想，落实新发展理念和党中央国务院决策部署，加快矿业（地勘）转型和绿色发展，践行绿色勘查非常重要的一项工作。

（4）《绿色矿山研究与实践》总结了近年来与绿色矿山相关的油气、煤炭、黑色金属、有色金属、稀有及贵金属、化工矿山、非金属矿山等的勘查与测绘、资源高效开发与矿产资源综合利用、环境保护与节能减排、土地复垦与生态重建、清洁生产、矿山安全与应急管理、矿山智能化与管理等领域的最新成果，对各个项目成果背景、研究现状、成果简介、主要科学技术内容研究趋势做了系统全面的介绍。

（5）《Interpretation of Green Mine Evaluation Index》全面系统介绍了中国绿色矿山建设评估方法、内容、指标、案例以及相关知识，是促进矿山企业、政府部门、培训机构、评估机构的绿色低碳智能矿山实践的权威作品，是全球第一本绿色矿山综合评价的英文图书，涵盖了遴选条件、矿区环境、开发方式、综合利用、节能减排、智能矿山、企业管理与形象等评价指标内容的详细论述，首次为全球绿色矿山建设与矿业可持续高质量发展提供了中国方案和权威指南。

《绿色矿山系列丛书》的编写与出版是深入贯彻落实习近平总书记关于科学普及工作的重要指示精神以及党的十九大和十九届历次全会精神，深入实施创新驱动发展战略的举措之一。

《绿色矿山系列丛书》（7册）已入选科学技术部"2020年全国优秀科普作品"，面向全社会推荐阅读。

附　　录

附录1　供电系统运维记录表

供电系统运维记录表见附表1-1。

表单编号：GMRZ-01

附表1-1　配电房运行记录表

日期：　　年　　月　　日

序号	设备名称	规格型号	运行时间				设备维修记录	维修内容	操作人签字	备注
			开机时间	停机时间	运行时间	累计运行时间				

附录2 员工宿舍、食堂、澡堂和厕所等生活配套设施清洁消毒记录/台账

职工食堂清洁消毒记录表见附表2-1，办公区洗手间清洁记录表见附表2-2。

表单编号：GMRZ-02-1

附表 2-1 职工食堂清洁消毒记录表

_____年

序号	日期	清洁消毒操作区			餐具厨卫		清洁消毒详情		操作人	监督人
		就餐区域	后厨	桌椅	消毒方式	消毒时间	消毒用品	消毒方式		
1	月 日									
2	月 日									
3	月 日									
4	月 日									
5	月 日									
6	月 日									
7	月 日									
8	月 日									
9	月 日									
10	月 日									

表单编号：GMRZ-02-2

附表 2-2 办公区洗手间清洁记录表

_____年

日期	清洁项目				保洁员签名	异常情况	备注
	便池	地面	洗手台	墙面、镜面			
月 日							
月 日							
月 日							
月 日							
月 日							

注：1. 洗手间每日清洁，清洁完毕在对应格子打"√"，异常情况填写在对应栏中，如设备有损坏要及时报到维修。

2. 清洁标准：

（1）洗手台干净整洁，无脏污杂物；水龙头正常无漏水；镜面干净；便池干净，无污渍；冲水设备正常无漏水。

（2）墙角无蜘蛛网，墙面干净整洁无乱涂画，清洁用具摆放整齐，垃圾及时清理。

附录3 一般工业固体废弃物管理台账

一般工业固体废弃物产生清单见附表3-1，一般工业固体废弃物流向汇总表见附表3-2，一般工业固体废弃物产生环节记录表见附表3-3，一般工业固体废弃物贮存环节记录表见附表3-4，一般工业固体废弃物自行利用环节记录表（接收）见附表3-5，一般工业固体废弃物自行利用环节记录表（运出）见附表3-6，一般工业固体废弃物自行处置环节记录表见附表3-7。

表单编号：GMRZ-03-1

附表3-1 一般工业固体废弃物产生清单

日期：　　年　　月　　日

序号	代码	名称	产生环节	物理性状	主要成分	污染特性	产废系数/年产生量	去向
1								
2								
3								
4								

注：1. 代码：根据实际情况从《一般固体废弃物分类与代码》（GB/T 39198—2020）中选择正确的代码。

2. 名称：结合《一般固体废弃物分类与代码》（GB/T 39198—2020）中的废弃物类别确定具体的名称。

3. 产生环节：说明固体废弃物的产生来源，例如在某个设施以某种原辅料生产某种产物产生的废弃物，明确产生废弃物的生产设施编码。

4. 主要成分：固体废弃物含有的典型物质成分。

5. 物理性状：选择固态、半固态、液态、气态或其他形态。

6. 产废系数/年产生量：单位产品或单位原料所产生的废弃物量，或者填写年度产生量。

7. 污染特性：是指对固体废弃物特征污染物的描述，即能够释放迁移并对环境造成影响的典型污染物。

8. 去向：根据实际情况，选择自行贮存、自行利用/处置、委托贮存/利用/处置。

表单编号：GMRZ-03-2

附表3-2 一般工业固体废弃物流向汇总表（　　年　　月）

代码	名称	产生量	贮存量	累计贮存量	利用量		处置量	
					自行利用数量		自行处置数量	
					委托利用单位及数量		委托处置单位及数量	

注：1. 产生量、贮存量、利用量、处置量：均为填表期间内当月实际发生数量。

2. 累计贮存量：截止到填表当月底，累计实际贮存总量。

3. 委托利用/处置单位：如存在多家，每家单位均应填写利用/处置量。

表单编号：GMRZ-03-3

附表3-3 一般工业固体废弃物产生环节记录表

记录表编号：　　　　生产设施编码及名称：　　　　废弃物产生部门负责人：

序号	代码	名称	产生时间	产生数量（单位）	转移时间	转移去向	废弃物产生部门经办人	运输经办人

日期：　　　年　　月　　日

注：1. 记录表编号：可采用"产生"首字母加年月日、再加编号的方式设计，例如"CS20210731001"，也可根据需要自行设计。

2. 生产设施编码及名称：填写《排污许可证》载明的设施编码，无编码的依据 HJ 608 自行编码。无固定产生环节的固体废弃物，可不填写编码。

3. 转移去向：是指固体废弃物在厂内的转移去向，如不经过贮存、利用等环节直接出厂则填写"出厂"。

4. 运输经办人：是指固体废弃物在厂内的运输经办人。

5. 对于废弃物连续产生的情况，产生时间可按日计算，"转移时间"填写"连续产生"，"运输经办人"项可不填写。

表单编号：GMRZ-03-4

附表3-4 一般工业固体废弃物贮存环节记录表

记录表编号：　　　　贮存设施编号：　　　　贮存部门负责人：

日期：　　　年　　月　　日

| 废物来源 | 前序表单编号 | 入库情况 | | | | | | 出库情况 | | | | |
		代码	名称	入库时间	入库数量（单位）	运输经办人	废弃物贮存部门经办人	出库时间	出库数量（单位）	废物去向	贮存部门经办人	运输经办人

注：1. 记录表编号：可采用"贮存"首字母加年月日、再加编号的方式设计，例如"ZC20210731001"，也可根据需要自行设计。

2. 贮存设施编号：应按照 HJ 608 规定的污染防治设施编号规则进行编号并填报。

3. 废物来源：填写废物移出设施的编码和名称。

4. 前序表单编号：如废弃物来自生产环节，则填写《一般工业固体废弃物产生环节记录表》的记录表编号，如废弃物来自贮存环节，则填写其他贮存场地《一般工业固体废弃物贮存环节记录表》的记录表编号。

5. 如废弃物为连续产生且经过皮带、管道等方式自动入库而无废弃物运输经办人，则运输经办人可不填，入库时间可按日计算。

表单编号：GMRZ-03-5

附表 3-5　一般工业固体废弃物自行利用环节记录表（接收）

记录表编号：　　　　　　　自行利用设施编号：　　　　　　　自行利用部门负责人：

日期：　　年　月　日

废弃物来源	前序表单编号	代码	名称	接收时间	接收数量（单位）	运输经办人	自行利用部门经办人

注：1. 记录表编号：可采用"接收"首字母加年月日、再加编号的方式设计，例如"JS20210731001"，也可根据需要自行设计。

2. 自行利用设施编号：应按照 HJ 608 规定的污染防治设施编号规则进行编号并填报。

3. 前序表单编号：如废弃物来自生产环节，则填写《一般工业固体废弃物产生环节记录表》的记录表编号，如废弃物来自贮存环节，则填写《一般工业固体废弃物贮存环节记录表》的记录表编号。

表单编号：GMRZ-03-6

附表 3-6　一般工业固体废弃物自行利用环节记录表（运出）

记录表编号：　　　　　　　自行利用设施编号：　　　　　　　自行利用部门负责人：

综合利用产物名称	运出时间	运出数量（单位）	运出去向	自行利用部门经办人	运输经办人

日期：　　　年　　月　　日

注：1. 记录表编号：可采用"运出"首字母加年月日、再加编号的方式设计，例如"YC20210731001"，也可根据需要自行设计。

2. 运出去向：根据实际情况填写，可以是回到内部的生产设施，也可以是出厂再销售等。

表单编号：GMRZ-03-7

附表 3-7　一般工业固体废弃物自行处置环节记录表

记录表编号：　　　　　自行处置设施编号：　　　　　自行处置部门负责人：

废弃物来源	前序表单编号	代码	名称	接收时间	接收数量（单位）	处置方式	自行处置部门经办人

日期：　　　年　　月　　日

注：1. 记录表编号：可采用"处置"首字母加年月日、再加编号的方式设计，例如"CZ20210731001"，也可根据需要自行设计。

2. 自行处置设施编号：应按照 HJ 608 规定的污染防治设施编号规则进行编号并填报。

3. 前序表单编号：如废弃物来自生产环节，则填写《一般工业固体废弃物产生环节记录表》的记录表编号，如废弃物来自贮存环节，则填写《一般工业固体废弃物贮存环节记录表》的记录表编号。

附录4　生活垃圾清运登记单

生活垃圾清运登记单见附表4-1。

表单编号：GMRZ-04

附表 4-1　生活垃圾清运登记单

_____年

序号	日期		地点（垃圾收集点）	单位（车/桶）	数量	经手人	备注
1	月	日					
2	月	日					
3	月	日					
4	月	日					
5	月	日					
6	月	日					

附录5 矿区道路维护保养记录表

矿区道路维护保养记录表见附表5-1。

表单编号：GMRZ-05

附表5-1 矿区道路维护保养记录表

_____年

序号	日期		主运输道路					_____道路				其他区域	备注
		区域	道路路面	护栏	排水沟	标识牌	道路路面	安全车档	截排水沟	标识牌			
1	月 日												
2	月 日												
3	月 日												
4	月 日												
5	月 日												
6	月 日												
7	月 日												
8	月 日												
9	月 日												
10	月 日												

附录6 矿区环境清扫、清洁记录表

矿区环境清扫、清洁记录表见附表6-1。

表单编号：GMRZ-06

附表6-1 矿区环境清扫、清洁记录表

_____年

日　期	清扫区域	清扫内容	清扫时间				清扫人	备注
			上午		下午			
			开始	结束	开始	结束		
月　　日								
月　　日								
月　　日								
月　　日								
月　　日								
月　　日								
月　　日								

附录7　矿区绿化保养记录表

矿区绿化保养记录表见附表7-1，月度绿化工作检查表见附表7-2，每周养护记录表见附表7-3，绿化养护季度检查表见附表7-4。

表单编号：GMRZ-07-1

附表7-1　矿区绿化保养记录表

＿＿＿＿＿年

序号	日期	养护项目									养护人	备注
		天气	温度/℃	浇水	修剪	除草	施肥	喷药	切边	清除残枝、垃圾	枯木挖除、补种	养护人	备注
1	月　日												
2	月　日												
3	月　日												
4	月　日												
5	月　日												
6	月　日												

表单编号：GMRZ-07-2

附表7-2　月度绿化工作检查表

序号：＿＿＿＿＿

类别	标　准	检查情况记录
乔木	生长旺盛，枝叶健壮，无枯死	
	保持植物生长特性的树形	
	整型修剪效果要与周围环境协调	
	通风良好、主侧枝分布均匀（树冠生长受阻情况除外）	
	病虫危害率不超过8%，单株受害率不超过8%	
	无违背生长特性以外的枯枝、黄叶片	
	非观果类乔木不挂果	
	当年生枝条开花的乔木越冬重剪，保留部分主侧枝	
	受外力影响歪倒乔木在外力结束2天内扶正	
	人车通行处及重要部位树头留兜，兜内土壤疏松	
	人车通行处乔木枝条不阻碍人车通行，下缘线高于1.8m	

类别	标　准	检查情况记录
造型植物及灌木	生长旺盛，枝叶健壮，无死树	
	病虫危害率不超过 8%，单株受害率不超过 8%	
	无枯枝枯叶，无黄土向天，超长 20cm 即修剪	
	预留观花的灌木，保证开花繁茂，枝条不过于杂乱	
	越冬重剪不妨碍观瞻，保留部分主侧枝	
绿篱地被花丛	多种植物成片种植的轮廓线整齐、有层次	
	绿篱、花丛边幅修剪整齐成倒梯形	
	目视无枯枝枯叶，无黄土向天，无杂草，超长 20cm 即修剪	
	纯花坛无残花，无杂草；超长 20cm 即修剪	
	尚未郁闭的花坛，土壤疏松，无杂草	
	重要部位草边切除整齐，杂草不入花丛	
	生长旺盛，重要部位苗木露脚及时更换	
	过密花丛及时分栽	
草坪	生长旺盛，叶色浓绿，总体平整	
	覆盖率达 98% 以上，杂草率低于 3%，纯度达 97% 以上	
	外力破坏后 3 天内修复	
	总体高度南方地区控制在 4cm 以下，北方地区控制在 6cm 以下，重要部位草边切除整齐	
总体	无缺水，无黄土裸露	
	绿化带无垃圾、无石块、无枯枝枯叶	
	绿化垃圾不隔夜存放工作现场	
	重要部位叶片无明显灰尘	
	架空层绿化带种植的植物满足生长的需求	
	树冠、阴凉处无黄土裸露，种植的植物满足生长需求	
垂直绿化	攀缘植物适时开花	
	生长期覆盖率达 95% 以上	
室内绿化	植物生长旺盛	
	花盆底碟干净	

检查人		检查日期	年　　月　　日

附表 7-2 绿化工作检查表（附页）

序号	不合格描述	整改措施	整改期限	复查结果

检查情况评价：

检查人签名：　　　年　　月　　日
责任人签名：　　　年　　月　　日

复查情况评价：

复查人签名：　　　年　　月　　日
责任人签名：　　　年　　月　　日

表单编号：GMRZ-07-3

附表 7-3　　___年___月第___周养护记录表

养护时间		养护地点	
养护责任人		落实人员	
养护内容		浇水☐　修建☐　地质修复☐ 除草☐　打药☐　枯枝清理☐	
备注			

表单编号：GMRZ-07-4

附表 7-4　绿化养护第____季度检查表

检查项目	内容	评分标准	评分要求	扣分部位	得分	整改后得分
冬季翻土春季平整	翻土的深度应在20cm以上，春季平整	20	发现翻土的深度不在20cm以上，每平方米扣1分；绿地平整分好、较好、一般、差、分别扣1~10分			
草坪养护	草坪加土护根	20分	草坪加土护根分好、较好、一般、差，分别扣1~10分			
	草坪挑草	10分	发现草坪上有大型野草，每平方米扣1分			
乔灌木修剪	乔灌木清楚枯枝烂头	10分	发现乔灌木有枯枝烂头，每棵扣1分			
	乔灌木整形修剪	20分	乔灌木整形修剪，质量分好、较好、一般、差，分别扣1~20分			
病虫害防治	清楚地看到树上的蛀虫	10分	发现树上有虫害，每棵扣1分			
保洁	树坛、中心绿地保持整洁	10分	保洁工作分好、较好、一般、差，分别扣1~10分			
树木调整	根据园林通知要求进行调整	10分	调整及时完成的10分，未完成扣10分			
合计得分		100分				

检查人：　　　　　　　　　　　　检查时间：　　　年　　月　　日

附录8 充填作业台账

采场充填通知单见附表8-1，煤矸石台账见附表8-2。

表单编号：GMRZ-08-1

附表8-1 采场充填通知单

日期： 年 月 日 发送人： 单位负责人：

发送单位												
施工单位												
采场名称												
充填计划				月 日 起			月 日 结束					
封闭类型	木板墙		（ ）道	废石坝		（ ）道	是否接顶				否/ 是	
安全事项												

作业类型/灰砂比	验收体积/m³	筑坝位置体积/m³	充填总量/m³	废石回填量/m³	采场充填高度/m	尾砂充填量/m³	胶结面单耗/t·m⁻³	充填体单耗/t·m⁻³	胶面固结消耗/t	充体固结消耗/t	接顶溢流	护墙水泥	采场固结消耗合计
普通分层/0													

充填车间充填搅拌站放砂记录单 工段长： 单位负责人：

放砂记录/时间	开、停时间	放砂时间	灰砂比1：x	放砂浓度/%	平均流量/m³·t⁻¹	放砂量/t	固结材料/t	搅拌站作业人员	采场充填作业人员	停车原因
__月__日										
__月__日										
合计										

表单编号：GMRZ-08-2

附表 8-2　煤矸石台账

_____年 　　　　　　　　　　　　　　　　　　　　　　　　　　　　单位：t

月份	月产生量	综合利用量	储存量	综合利用方式	备注
1					
2					
3					
4					
5					
6					
7					
8					
9					
10					
11					
12					
合计					

附录9 选矿生产报表、选矿药剂使用记录表

选矿生产报表、选矿药剂使用记录表见附表9-1。

表单编号：GMRZ-09

附表9-1 选矿生产报表、选矿药剂使用记录表

_____年

序号	日期/班次	开机时间	停机时间	总时长	____用量	____用量	____用量	操作员	备注
1									
2									
3									
4									
5									
6									
7									
8									

附录10 环境保护设施运行
（洒水车、喷淋系统等）记录表

喷淋系统工作记录表见附表10-1，洒水车运行记录表见附表10-2，洗车平台运行记录表见附表10-3。

表单编号：GMRZ-10-1

附表10-1 喷淋系统工作记录表

_____年

序号	日期		开启时间	关闭时间	用水量	责任人	备注
1	月	日					
2	月	日					
3	月	日					
4	月	日					
5	月	日					
6	月	日					
7	月	日					
8	月	日					
9	月	日					

表单编号：GMRZ-10-2

附表10-2 洒水车运行记录表

_____年

序号	日期		时间	工作区域	用水量	司机签字	备注
1	月	日					
2	月	日					
3	月	日					
4	月	日					
5	月	日					
6	月	日					
7	月	日					
8	月	日					
9	月	日					

表单编号：GMRZ-10-3

附表 10-3　洗车平台运行记录表

日期：　　年　　月　　日

检查内容		是否合格	处理情况	检查人	备注
供电启动设备					
供水管路					
蓄水池	水位				
	除淤				
	防护设施				
光电传感器					
污水收集装置					

注："是否合格"一列中，如果合格打"√"，不合格打"×"。

附录 11　环境监测记录表

职业病危害因素浓度（强度）日常监测记录见附表 11-1。

表单编号：GMRZ-11

附表 11-1　职业病危害因素浓度（强度）日常监测记录

_____ 年

| 监测日期 | 车间/部门 | 岗位/工种 | 职业病危害因素 | 接触限值 | | 监测结果 | | 是否达标 | | 监测人 | 备注 |
				粉尘/mg·m⁻³	噪声/dB(A)	粉尘/mg·m⁻³	噪声/dB(A)	是	否		
月　日	破碎车间	破碎工（旋回破碎机）	粉尘、噪声	8	85						
月　日	破碎车间	皮带工 1 号（1 号皮带尾）	粉尘、噪声	8	85						
月　日	破碎车间	皮带工 2 号（2 号皮带）	粉尘、噪声	8	85						
月　日	破碎车间	皮带工 3 号（3 号皮带）	粉尘、噪声	8	85						
月　日	破碎车间	皮带工 5 号（5 号皮带）	粉尘、噪声	8	85						
月　日	破碎车间	布料工 2 号（2 号布料皮带）	粉尘、噪声	8	85						
月　日	破碎车间	皮带工 6 号（6 号皮带）	粉尘、噪声	8	85						

注：接触限值表头中"粉尘/mg·m⁻³"对应 $/\text{mg·m}^{-3}$，"噪声/dB(A)"对应 $/\text{dB(A)}$。

附录 12　环境监测设备运行维护记录表

环境监测设备运行维护记录表见附表 12-1。

表单编号：GMRZ-12

附表 12-1　环境监测设备运行维护记录表

_____年

序号	日期	小环境气象站				便携式检测仪			备注
		区域	各传感器	LED 屏	供电	更换电池	采集口	校检	
1	月　　日								
2	月　　日								
3	月　　日								
4	月　　日								
5	月　　日								
6	月　　日								
7	月　　日								
8	月　　日								
9	月　　日								
10	月　　日								

附录 13　突发环境事件应急演练记录表

突发环境事件应急演练记录表见附表 13-1。

表单编号：GMRZ-13

附表 13-1　突发环境事件应急演练记录表

_____年

序号	时间		地点	演练内容	参与人员	备注
	月	日				
	月	日				
	月	日				
	月	日				
	月	日				
	月	日				
	月	日				

附录14　地质灾害监测记录表

矿山地质灾害监测记录表Ⅰ见附表14-1，矿山地质灾害监测记录表Ⅱ见附表14-2。

表单编号：GMRZ-14-1

附表14-1　矿山地质灾害监测记录表Ⅰ

灾害类型	灾害地点	发生时间	影响范围/m² 或 hm²	直接经济损失/元	伤亡人数/人	治理面积/m² 或 hm²	致灾因素	治理措施	潜在危害
崩塌									
滑坡									
泥石流									
地面塌陷									
地面沉降									
地面裂缝									
其他									

矿山企业（盖章）：　　　企业监测人：　　　监测机构（盖章）：　　　审核人：

填表日期：　　　年　　月　　日

表单编号：GMRZ-14-2

附表14-2　矿山地质灾害监测记录表Ⅱ

监测方案	监测的矿山地质环境问题	占用破坏土地	固体废弃物排放	废水、废液排放	矿山地质灾害	矿山环境污染
	监测对象					
	监测方法					
	监测工程					
监测单位及监测人	监测单位			电话		
	单位地址			邮编		
	监测人			电话		

矿山企业（盖章）：　　　企业监测人：　　　监测机构（盖章）：　　　审核人：

填表日期：　　　年　　月　　日

附录15 边坡位移监测台账、矿山地质环境人工监测记录表

永久边坡位移沉降观测记录台账见附表15-1。

表单编号：GMRZ-15

附表15-1 _____永久边坡位移沉降观测记录台账

测站点坐标	X				后视点坐标	X					
	Y					Y					
	Z					Z					
测量日期				本次位移/mm			本次沉降/mm			累计沉降/mm	
监测点	X	Y	Z	X	Y	Z	X	Y	Z	ΔX	ΔY	ΔZ
点1												
点2												
点3												
点4												

制表日期： 年 月 日

测量结论：

测量人员：

附录16　复垦区人工巡检记录表

复垦区人工巡检记录表见附表16-1。

表单编号：GMRZ-16

附表16-1　复垦区人工巡检记录表

_____年

日期	监测区域	监测时间	土地损毁情况	稳定状态情况	土壤质量情况	复垦质量情况	其他情况	检查人	备注
月　日									
月　日									
月　日									
月　日									
月　日									
月　日									

附录17　危险废物内部记录表

危险废物贮存环节记录表见附表17-1。

表单编号：GMRZ–17

附表17-1　危险废物贮存环节记录表

记录表编号：_____　废物代码及名称：_____　　_____年_____月

入库情况								出库情况						
入库日期	入库时间	废物来源	数量	单位	容器材质及容量	容器个数	废物存放位置	废物运送经办人	废物贮存经办人	出库日期	出库时间	数量	废物去向	废物贮存经办人	废物运送经办人

注：1. 本表由废物贮存部门填写。

　　2. 废物来源：此危险废物的来源（如废物产生工序编号及名称）。

　　3. 废物存放位置：此危险废物在贮存库的具体位置。

　　4. 废物去向：此危险废物转移的去向。内部自行利用或处置的，填写内部利用或处置部门的名称；委托外单位利用或处置的，填写外单位的名称、许可证编号，转移联单编号以及利用处置方式代码。

　　5. 本表单宜按月装订成册；不同编号废物可分别填写记录表，以利于汇总统计。

附录18 表土处置与利用生产报表/销售台账记录表

表土综合利用见附表18-1。

表单编号：GMRZ-18

附表18-1 表土综合利用

_____年

序号	日期		表土类型	表土来源	表土用途	使用地点	装载数量/辆	单位/t·m⁻³	备注
1	月	日							
2	月	日							
3	月	日							
4	月	日							
5	月	日							
6	月	日							
7	月	日							

注：表中数据需要各类分项台账数据支撑（表土数量需要磅单或车辆运输车次）。

附录19　采区循环水利用记录表

采矿废水利用明细台账（露天开采）见附表19-1。

表单编号：GMRZ-19

附表 19-1　采矿废水利用明细台账（露天开采）

_____年

月份	废水来源		采区废水量 /m³	废水去向						外排 /m³	损失 /m³	利用水量 /m³	利用率/%
	大气降水 /m³	地下水/m³		降尘用水/m³			植被养护	生产输送				
				凿岩 /m³	爆破 /m³	道路洒水/m³	浇灌 /m³	选场 /m³				
1												
2												
3												
4												
5												
6												
7												
8												
9												
10												
11												
12												
合计												

注：表中数据需要各类分项台账数据支撑（水的量需）。

附录20　选矿循环水利用记录表

选矿循环水利用明细表台账见附表20-1。

表单编号：GMRZ-20

附表20-1　选矿循环水利用明细表台账

_____年

月份	处理矿石量/m³	生产用水/m³	新水/m³	喷淋用水/m³	洒水车用水/m³	循环水/m³	循环利用率/%	备注
1								
2								
3								
4								
5								
6								
7								
8								
9								
10								
11								
12								
合计								

注：表中数据需要各类分项台账数据支撑（水的量需）。

附录21 生产废水报表

生产废水处理工艺运行巡检表（压滤车间）见附表21-1。

表单编号：GMRZ-21

附表21-1 生产废水处理工艺运行巡检表（压滤车间）

_____年

日期	清水补水泵	清水水泵1	清水水泵2	沉淀池污泥泵1	沉淀池污泥泵2	压滤机污泥泵1	压滤机污泥泵2	压滤机污泥泵3	药水泵1	药水泵2	药水泵3	压滤机1	压滤机2	压滤机3	清水池	沉淀池	异常原因	生产用水计量/m³	工作人员签字	备注
月 日																				
月 日																				
月 日																				
月 日																				
月 日																				
月 日																				
月 日																				
月 日																				

注：无异常打"√"，异常打"×"并注明异常原因。

检查人：　　　　　　　　　　　　　　　　　　日期：　　　年　　月　　日

附录22　生活污水处理站运行记录/污水处理记录表

生活区污水处理系统设施检查记录见附表22-1，生活污水处理工艺运行巡检表见附表22-2。

表单编号：GMRZ-22-1

附表22-1　生活区污水处理系统设施检查记录

内容	1号提升泵	2号提升泵	1号污泥螺杆泵	2号污泥螺杆泵	1号风机	2号风机	回流泵	污泥泵	压滤机	二氧化碳发生器	备注
运行情况											
故障原因											
维护过程											

注：1. 每周二、周五进行填写。

2. 运行情况如实填写，故障原因如实填写（无故障填写无，有故障填写故障原因）。

3. 维护过程由检修人员填写。

检查人：　　　　　　　　　　　　　　　　日期：　　年　　月　　日

表单编号：GMRZ-22-2

附表22-2　生活污水处理工艺运行巡检表

_____年

日期		格栅井	调节池	一级接触氧化池	一级水解酸化池	二级接触氧化池	二级水解酸化池	深度处理池	清水池	斜管沉淀池	异常原因	绿化用水计量/m³	工作人员签字
月	日												
月	日												
月	日												
月	日												
月	日												
月	日												
月	日												

注：无异常打"√"，异常打"×"并注明异常原因。

附录23　生产报表（调度报表）、销售台账记录表

建筑骨料、机制砂销售记录表见附表23-1。

表单编号：GMRZ-23

附表23-1　建筑骨料、机制砂销售记录表

_____年

日期	产品规格	单价/元·t⁻¹	数量	顾客信息		销售信息		司磅员信息		备注
				销售去向	联系方式	销售数量	销售金额	姓名	联系方式	
月　日										
月　日										
月　日										
月　日										
月　日										
月　日										
小　结										

附录 24　能耗管理台账

月度能源单耗报表见附表 24-1。

表单编号：GMRZ-24

附表 24-1 _____ 年 _____ 月能源单耗报表

序号	指标名称	计算单位	本年累计	去年同期	本年累计		上年同期	
					能源消耗	产量	能源消耗	产量
1	单位原油（气）生产综合能耗（标煤）	kg/t						
2	单位原油（气）液量生产综合能耗（标煤）	kg/t						
3	采油（气）液量用电单耗	kW·h/t						
4	油气集输综合能耗（标煤）	kg/t						
5	油（气）生产用电单耗	kW·h/t						
6	注水用电单耗	kW·h/t						
7	能耗费用比油气操作成本	%						
8	工业总值能耗	t/万元						
9	工业增加值能耗	t/万元						
10	节能量	t						
11	节能价值量	万元						

附录25　地面运输降尘设施运维记录表

地面运输降尘设施运维记录表见附录25-1。

表单编号：GMRZ-25

附表25-1　地面运输降尘设施运维记录表

_____年

日期		喷淋				雾炮机				洒水车				用水量
		运行情况			备注	运行情况			备注	运行情况			备注	
		运行	停用	维修		运行	停用	维修		运行	停用	维修		
月	日													
月	日													
月	日													
月	日													
月	日													
月	日													
月	日													

注：1. 运行、停用或维修，均在对应的日期内打"√"。

　　2. 停用或者维修要在备注内说明原因和准确时间段。

附录 26 矿区厂界噪声点清单/检测（内部）记录表

厂界噪声、粉尘在线监测数据表见附表 26-1。

表单编号：GMRZ-26

附表 26-1 厂界噪声、粉尘在线监测数据表

_____年_____月

日期	监测点	噪声数值/dB		PM 数值/mg·m^{-3}		填报人	备注
		白天	夜间	白天	夜间		

附录27　先进技术和装备明细台账

矿山先进设备清单（节能机电设备产品推荐目录）见附表27-1。

表单编号：GMRZ-27

附表27-1　矿山先进设备清单（节能机电设备产品推荐目录）

序号	设备 名称	设备 型号	使用安装 地点	符合先进设备 技术目录	对应 条款	对应 序号	备注
1							
2							
3							
4							
5							
6							

日期：　　　年　月　日

附录28 资源储量系统运行记录表

矿山查明资源储量表见附表28-1，矿山查明资源储量台账见附表28-2，开采结束资源储量比较表见附表28-3，开采结束资源储量比较台账见附表28-4，矿石损失统计台账见附表28-5，矿山年度固体矿产资源储量报表见附表28-6。

表单编号：GMRZ-28-1

附表28-1 ＿＿＿＿ 矿查明资源储量表

组织机构代码：　　　　　　　　　勘查性质：　　　　　　　　　审批单位：

所属矿区名称：　　　　　　　　　勘查单位：　　　　　　　　　矿种：

所属采区编号：　　　　　　　　　采矿许可证号：　　　　　　　资源储量单位：

勘查时间：

矿区（矿体）	第次勘查 阶段（中段）	矿石类型	资源储量总量	探明的 基础储量	探明的 资源量	控制的 基础储量	控制的 资源量	推断的 资源量	备注
合计									
与前次比较增减									
累计查明									

勘查范围		工程间距		工业指标		计算参数	
水平	垂直	探明的	控制的	可采品位	可采厚度	品位	体重

日期：　　　年　　月　　日

表单编号：GMRZ-28-2

附表 28-2 _____ 矿查明资源储量台账

所属矿区名称：　　　所属采区编号：　　　勘查时间：　　　组织机构代码：　　　勘查性质：　　　勘查单位：　　　采矿许可证号：　　　审批单位：　　　矿种：　　　资源储量单位：

矿区（矿体）	第几次勘查 阶段（中段）	矿石类型	资源储量总量	探明的 基础储量	探明的 资源量	控制的 基础储量	控制的 资源量	推断的 资源量	品位	备注	勘查范围 水平	勘查范围 垂直	工程间距 探明的	工程间距 控制的	工业指标 可采品位	工业指标 可采厚度	计算参数 品位	计算参数 体重
合计																			
与前次比较增减																			
累计查明																			

日期：　　　年　　月　　日

表单编号：GMRZ–28–3

附表 28-3　开采结束资源储量比较表

所属矿区名称：　　　　所属采区编号：　　　　组织机构代码：　　　　矿种：　　　　资源储量单位：

部位	开采时间	矿石类型	勘探查明资源储量		开采设计资源储量		实际消耗资源储量				备注
			资源储量	品位	资源储量	品位	品位	开采量	损失量	合计	

日期：　　　　年　　月　　日

表单编号：GMRZ-28-4

附表 28-4　开采结束资源储量比较台账

所属矿区名称：　　　　所属采区编号：　　　　组织机构代码：　　　　矿种：　　　　资源储量单位：

部位	开采时间	矿石类型	勘探查明资源储量		开采设计资源储量		实际消耗资源储量			品位	备注
			品位	资源储量	品位	资源储量	开采量	损失量	合计		

日期：　　　年　　月　　日

表单编号：GMRZ-28-5

附表 28-5　矿石损失统计台账

所属矿区名称：　　　采矿许可证号：　　　矿种：　　　资源储量单位：

统计月份	采矿部位	矿石类型、品位	计划指标/%	实际完成			与计划比（±）/%
				地质矿量/t	损失量/t	损失率/%	

所属采区：　　　组织机构代码：　　　日期：　　　年　月　日

表单编号：GMRZ-28-6

附表 28-6　　矿_____截至_____年底固体矿产资源储量报表

所属矿区名称					所属采区名称		行政区代码						采矿许可证号码		
矿产名称	资源储量单位	矿石工业类型	品位	矿石主要组分及实际生产工作指标	类型编码	查明资源储量及年度变化情况								备注	
统计对象						年初保有	开采量	损失量	勘查增减	重算增减	年末保有	累计查明	资源储量利用水平		

附录 29 娱乐设施运行维护记录表

娱乐设施运行维护记录表见附表 29-1。

表单编号：GMRZ-29

附表 29-1 娱乐设施运行维护记录表

_____年

序号	日期		设施名称	运行状态	养护内容	负责人	备注
1	月	日					
2	月	日					
3	月	日					
4	月	日					
5	月	日					
6	月	日					
7	月	日					
8	月	日					
9	月	日					

附录30 绿色矿山宣传活动记录表

绿色矿山宣传活动记录表见附表30-1。

表单编号：GMRZ-30

附表30-1 绿色矿山宣传活动记录表

_____年

序号	日期		类型	组织部门	活动内容	参与人数	备注
1	月	日					
2	月	日					
3	月	日					
4	月	日					
5	月	日					
6	月	日					
7	月	日					
8	月	日					
9	月	日					

附录31 标识标牌安装台账记录表

标识标牌安装台账记录表见附表31-1。

表单编号：GMRZ-31

附表31-1 标识标牌安装台账记录表

序号	类型	数量	涉及地点	最近一年更换数量	备注
1	矿业权人勘查开采信息公示牌				
2	职业健康告知牌				
3	危险源告知牌等各种说明牌				
4	线路示意图				
5	提示牌以及安全标志				
6	环境保护图形标志				
7	其他（可自行增加）				
8					
9					

日期： 年 月 日

附录 32　企业管理制度清单

企业管理制度清单见附表 32-1。

表单编号：GMRZ-32

附表 32-1　企业管理制度清单

序号	制度名称	制定时间	责任部门	备注
1				
2				
3				
4				
5				
6				
7				
8				
9				

日期：　　年　月　日

附录 33　绿色矿山建设、评估/评价的方法

绿色矿山建设、评估/评价的方法见附表 33-1。

表单编号：GMRZ-33

附表 33-1　绿色矿山建设、评估/评价的方法

序号	方法、技术及工具	说明	影响因素				应用领域	实际工作内容
			资源与能力	不确定性的性质与程度	复杂性	能否提供定量结果		
1	检查表法	一种简单的评估技术，它最基础、最简便、应用最广泛，提供了一系列典型的不确定性因素。使用前者可参照以前的绿色矿山要求清单、规定或标准，包含现场查看、神秘访客、资料查看、抽样检查等手段	低	低	低	否	绿色矿山检查（评价）	检查表的形成： （1）国家、行业、地方绿色矿山建设规范； （2）国家、地方绿色矿山评价指标； （3）列举各种与绿色矿山有关的内容； （4）增加本企业的管理内容，形成企业特色
2	情景分析	在想象和推测的基础上，对可能发生的未来情景加以描述，以通过正式或非正式的、定性或定量的手段进行情景分析	中	高	中	否	绿色矿山规划	情景分析的内容： （1）矿山闭坑以后是什么样； （2）通过建设绿色矿山，采选主营业务的比重如何变化； （3）节能水平达到什么程度； （4）采矿沉降区的预测预判

续附表 33-1

序号	方法、技术及工具	说明	影响因素			能否提供定量结果	应用领域	实际工作内容
			资源与能力	不确定性的性质与程度	复杂性			
3	原因分析	对发生的单项损失进行分析，理解造成损失的原因以及如何改进系统过程以避免未来出现类似的损失。分析应考虑发生类损失时可使用的应急方法以及怎样改进应急方法	中	低	中	否	管理或机制	需要原因分析的内容： （1）通过分析管理的漏洞完善管理机制； （2）通过事件应急措施完善管理机制； （3）各类手续不全，超能力生产造成的后果分析； （4）通过目前难治难修复的现状分析，如何解决不对后期造成难修复、难治理， （5）是否采用绿色矿山的设计要点设计
4	业务影响分析	分析影响绿色矿山建设的重要因素，同时明确如何对这些影响因素进行管理	中	中	中	否	设施装备及升级改造	需要业务分析的内容： （1）设备老化、高污染、高能耗设施设备造成的内容； （2）设施陈旧不能满足使用造成的影响； （3）工业工厂布局降低生产效率的影响； （4）如何解决土地节约、集约利用，减少不因土地问题影响生产（尾矿库、临时用地）； （5）停工停产造成的损失
5	保护层分析法	保护层分析，也被称作障碍分析，它可以对绿色矿山可持续进行评价	中	中	中	是	安全环保	需要保护层分析的内容： （1）设备的本质安全（如老化、双高等）； （2）突降暴雨、洪水等突发事件造成的影响，改进措施是否到位； （3）不满足有关环保、安全标准引用不完整（目前相关标准引用不完整）的措施

续附表 33-1

序号	方法、技术及工具	说明	影响因素			能否提供定量结果	应用领域	实际工作内容
			资源与能力	不确定性的性质与程度	复杂性			
6	蝶形图(BOW-TIE)分析	一种简单的图形描述方式,分析了绿色矿山建设影响因素从发展到后果的各类路径,并可审核实现目标的管理方案	中	高	中	是	环保督察	需要蝶形图分析的内容或考虑的因素:理清未来的后果,环保督察常见的问题以及不能及时处 (1)环保督察的后果; (2)分析造成这些问题的原因; (3)环保督察的方法